江西省水利厅 吉安市水利局 2020 年度水利科技项目

溢洪道和坝下涵管结构若干关键理论与技术研究及应用

蔡晓鸿　蔡勇斌　蔡勇平　著

中国水利水电出版社
www.waterpub.com.cn
·北京·

内 容 提 要

本书紧密结合溢洪道泄槽段发生揭底失稳损毁工程案例,建立相应计算模型与计算方法,推导出计及高速水流脉动上举力的溢洪道泄槽段底板、消力池护坦抗浮稳定改进计算式,并提出应吸取的教训及防范措施。通过对坝下涵管出现严重空蚀破坏工程案例的机理分析,揭示进水口设闸控流坝下涵管发生空蚀破坏的水力学条件,并给出相应设计、运行管理防空蚀对策。依据所建立的坝下涵管横向结构内力计算模型、纵向轴力计算模型,分别导出坝下涵管横向结构内力与抗裂验算、纵向轴力与伸缩缝间距设计计算式。采用弹性理论多层厚壁圆筒接触模型,建立混凝土重力坝坝内埋管各结构层应力计算方法,推导出相应应力精确解计算式及混凝土层开裂新判据,指出现行坝内埋管混凝土层开裂判据存在的局限性。

本书可供水利水电、给排水等工程的设计、施工和科研人员使用,也可供高等院校有关专业师生参考。

图书在版编目(CIP)数据

溢洪道和坝下涵管结构若干关键理论与技术研究及应
用 / 蔡晓鸿, 蔡勇斌, 蔡勇平著. -- 北京 : 中国水利
水电出版社, 2020.11
ISBN 978-7-5170-8992-6

Ⅰ. ①溢… Ⅱ. ①蔡… ②蔡… ③蔡… Ⅲ. ①泄水涵
管—研究 Ⅳ. ①TV652.2

中国版本图书馆CIP数据核字(2020)第207046号

书 名	溢洪道和坝下涵管结构若干关键理论与技术研究及应用 YIHONGDAO HE BAXIA HANGUAN JIEGOU RUOGAN GUANJIAN LILUN YU JISHU YANJIU JI YINGYONG
作 者	蔡晓鸿 蔡勇斌 蔡勇平 著
出版发行	中国水利水电出版社 (北京市海淀区玉渊潭南路1号D座 100038) 网址:www.waterpub.com.cn E-mail:sales@waterpub.com.cn 电话:(010)68367658(营销中心)
经 售	北京科水图书销售中心(零售) 电话:(010)88383994、63202643、68545874 全国各地新华书店和相关出版物销售网点
排 版	中国水利水电出版社微机排版中心
印 刷	北京瑞斯通印务发展有限公司
规 格	184mm×260mm 16开本 6.75印张 158千字 2插页
版 次	2020年11月第1版 2020年11月第1次印刷
定 价	42.00元

序

蔡晓鸿教授级高级工程师从事水利水电工程技术及研究工作 50 余年。这些年来，他紧密结合水利水电工程勘测设计和设计审查、抗洪抢险技术支持等项工作，在溢洪道设计中建立了计及脉动上举力的溢洪道底板抗浮稳定改进计算模式；在坝下涵管水力设计中，充分揭示了进水口设闸控流的坝下涵管发生空蚀破坏的水力学原因；注重理论与工程实际相结合，研究解决了坝下圆管、坝下箱涵纵向轴力计算与伸缩缝间距及轴向抗裂验算等问题；给出了坝内埋管应力计算的精确解，指出了现行《水电站压力钢管设计规范》（SL 281—2017）所给出的坝内埋管混凝土结构层开裂判别式的局限性；在结合莫尔-库仑屈服准则的工程应用方面，揭示并解决了其主应力和应力不变量的表达式及剪胀角参数表达式与应力符号约定的适配协调等复杂技术问题。

该书写作的特点是在追求学术理论严谨的同时，十分重视学科理论与工程实际技术关键问题的密切结合，并对具体工程复杂疑难技术问题进行了展开与深入探讨，所获成果大多已在工程设计与工程的除险加固实践中成功应用，深受水工界的认可和欢迎。

该书理论严谨，解析深入，应用广泛，系统地总结了作者对溢洪道发生揭底失稳破坏、坝下涵管出现空蚀破坏的原理机理分析与理论解析，进而提出了应吸取的教训和具有应用价值的防范措施与相关设计对策。对受不均匀内水压力作用下的坝下箱涵框架结构转角结点内力符号规定问题，书中匠心独具地采用了左手直角坐标系，协调处理了这一技术关键。解决了高速水流工况下溢洪道泄流、进水口设闸控流的坝下涵管水力与结构设计中若干长期困扰水工设计人员的诸多复杂技术问题，推进了溢洪道与坝下涵管的水力设计与结构应力计算的学术创新与技术进步，对上述复杂关键技术问题的深化探究极有助益。

相信本书的付梓问世，对我国水工界的科技发展定有很好的推动和促进作用。鉴于此，笔者乐于写述了以上的一点文字，是为序。

孙钧

2019/11/27

孙钧先生，同济大学一级荣誉教授、中国科学院（技术科学学部）资深院士，国内外知名岩土力学与工程专家。

前　言

　　水工建筑物的水力学问题和水力设计、结构问题与结构计算，在水工建筑物设计、施工、运行中占有举足轻重的关键作用，直接关系到建筑物的结构安全与运行效益及耐久性和经济性。在水工建筑物的蓬勃兴建和大力发展中，需要不断地进行系统而又详尽的理论研究与技术攻关，为水利工程建设提供必要的理论依托与技术支撑。

　　本书依据溢洪道底板所发生的揭底失稳破坏、进水口设闸控流坝下涵管发生空蚀破坏的工程实例，通过理论探究与实际工程问题相结合，建立了相应的计算模型与计算方法，协调而有成效地解决了上述复杂疑难技术关键问题，进而揭示在流速大于 12m/s 时，就有可能出现异于低速水流的高速水流特殊现象及其伴生水力学问题。建立了坝下涵管纵向轴力与伸缩缝间距及轴向抗裂验算计算模型与计算方法，创新性地解决了这一实际工程技术关键问题。给出了坝内埋管应力计算精确解，推导得出了坝内埋管混凝土结构层的开裂判据，指出了现行规范推荐的坝内埋管混凝土结构开裂判别式的局限性。按应力符号约定及主应力大小顺序，推导出了与之匹配的莫尔-库仑屈服准则主应力表达式、应力不变量表达式、塑性流动剪胀角参数表达式，揭示了莫尔-库仑屈服准则主应力表达式、应力不变量表达式、塑性流动剪胀角参数表达式与应力符号约定、主应力大小顺序间的关联适配性，为正确选用莫尔-库仑屈服准则表达式及塑性流动剪胀角参数表达式提供了指南。

　　笔者在长期的学术研究活动中，受益于中国科学院资深院士、教授孙钧先生，河海大学 徐志英 教授、沈家荫教授、卓家寿教授、殷宗泽教授、沈振中教授，同济大学侯学渊教授、杨林德教授，江西省水利厅总工程师张文捷教授级高级工程师，江西省水利规划设计研究院江凌教授级高级工程师，江西省水利科学研究院总工程师吴晓彬教授级高级工程师，吉安市水利局原总工程师吕有年等专家学者；得到了江西省水利厅徐博然工程师，同济大学荣耀博士、涂忠仁博士、孙富学博士、齐明山博士的热心相助；受到了江西省水利厅、吉安市水利局、吉安市水利水电规划设计院、吉安市吉泰水利水电建设监理有限公司、吉荣实业工程公司领导的大力支持。在此，笔者一并表示衷心的感谢！

本书承蒙孙钧先生作序，谨表诚挚的谢忱！

本书出版得到江西省水利厅、吉安市水利局 2020 年度科技项目经费资助，对此，深致由衷的感谢！

书中不当和存误之处，敬请读者赐教和指正。

作者

2019 年 11 月于吉安市

目　　录

第一章 溢洪道结构若干关键理论 与技术研究及应用

第一节 概 述

在水利水电枢纽工程中，必须设置泄水建筑物，以宣泄超水库设计库容的洪水，防止洪水漫溢坝顶，保证大坝安全运行。溢洪道是一类应用最广的常见泄水建筑物，其设计准则，一是应具有足够的泄洪能力，保证大坝运行安全；二是水力设计、结构设计须可靠，保证自身运行安全。无闸控流溢洪道的泄流能力是由其进水渠水力特征与控制段水流形态特性确定的。进水渠的水头损失直接影响到控制段过流计算总水头的确定，而堰式控制段或渠式控制段的水流形态特性，则决定了控制段泄流能力的计算方法与计算公式采用。其中：堰式控制段的泄流能力是由其顶部堰面曲线确定的；反弧段及其末端上扬仰角是为了产生离心力，使水流压力卸载；而直线段则是连接顶部堰面曲线与下部圆弧段的承载水流过渡段。水工设计人员深刻地了解和把握这一点，对正确进行溢洪道水力设计至关重要。对设闸控流溢洪道，尚应合理确定闸门的启闭顺序和开度，避免不良流态的发生或造成震动的开度。

鉴于设闸控流溢洪道流型多样（堰流、孔流、明渠流等），流态也多样（非淹没流、淹没流、无压流、有压流等），因此，应根据闸门开启孔数、闸门开度及上、下游水深，判别其泄流流型及流态，然后在此基础上合理选用计算公式及参数，科学计算其过流能力。

但若干大坝与溢洪道的失事原因表明，其失事破坏往往是溢洪道泄洪能力不足或溢洪道设计、运用不当所致。例如：2014 年 5 月 25 日，江西省安福县大型水利工程东谷水库溢洪道泄槽段发生揭底失稳损毁事故[1]；2017 年 2 月 7 日，美国最高土石坝奥罗维尔大坝主溢洪道、非常溢洪道相继出现泄槽段揭底失稳及冲蚀破坏事故[2]。

泄水建筑物按水力学特征可分为有压式和无压式（视泄水水道有无自由水面而定），按结构型式可分为开敞式和封闭式（由水道横断面是否闭合而定），按布置部位可分为坝身式和河岸式，按泄水水道是否设有闸门控流可分为有闸控制溢洪道和无闸控制溢洪道。在以往的泄水建筑物设计中，受当时技术条件的限制，对溢洪道高速水流引发的揭底失稳破坏与空蚀风险了解不足，因此鲜少采取有效防范应对措施，以致后续发生了许多溢洪道、泄洪洞揭底失稳破坏或空蚀破坏的情况。例如，孟加拉国的卡娜佛利大坝溢洪道、墨西哥的马尔巴索大坝溢洪道、苏联的布拉茨克溢流坝、巴基斯坦的塔贝拉枢纽工程泄洪洞、美国的胡佛大坝泄洪洞、墨西哥的英菲尔尼罗泄洪洞，以及我国甘肃省的刘家峡水电站泄洪洞、与朝鲜交界的鸭绿江上的水丰电站溢流坝、湖南省的柘溪水电站差动式挑流鼻坎、山西省漳泽水电站溢洪道差动式挑流鼻坎、广东省东吴水库溢洪道泄槽段、陕西省安康水电站溢流表孔溢流面及消力池护坦等各种类型泄水建筑物均不同程度发生过失稳或蚀损破坏，其中，安康水电站溢流表孔消力池护坦，曾分别于 1996 年、2000 年、2002 年、2004 年和 2007 年多次发生上抬错台破坏现象，先后多次加固，多次损坏。

进入 21 世纪后，计算技术的进步，紊流力学及数学模型的发展，计算机软件程序的普及性应用，为水利水电枢纽优化布置，泄水建筑物的体型优化以及泄水建筑物高速水流的诸多特殊现象和伴生问题的解决提供了重要方法手段，使深化大坝、溢洪道安全监测，完善安全监控设计，充分考虑外部环境条件变化对大坝、溢洪道运行安全的影响分析评价成为可能。

鉴于溢洪道泄槽、消力池发生揭底失稳破坏具多发性、普遍性，因此，本章将对其破坏成因作深入分析，并在此基础上探求相应的定量评估计算方法与解析计算式。

第二节　改进的溢洪道底板抗浮稳定计算

江西省吉水县芳陂水库是一座重点小（1）型水库，总库容 774.4 万 m^3，设计洪水标准 50 年一遇，相应设计洪水位 117.04m，溢洪道泄洪流量 250m^3/s；校核洪水标准 1000 年一遇，相应校核洪水位 118.84m，溢洪道泄洪流量 464m^3/s；消能防冲建筑物设计洪水标准 20 年一遇，相应洪水位 116.38m，溢洪道泄洪流量 184m^3/s。水库溢洪道控制堰为宽顶堰，设计堰顶高程 113.30m，溢流净宽 20m；控制堰后接等底宽陡槽，陡槽长 30.92m（水平长 30m），底坡 1∶4，陡槽底板为 C20 混凝土结构，板块按 10m×10m 设置纵、横缝，板块厚 0.4m，布设有温度钢筋；陡槽末端接消力池，消力池长 23m、宽 20m，消力池护坦为 C20 混凝土结构，护坦顶高程 105.80m，按 11.5m×10m（长×宽）设置分缝，护坦厚 0.6m，布设有温度钢筋。陡槽底板、消力池护坦分缝均未设置止水，板块与基岩间未布设锚筋。

2010 年 6 月中旬，库区连降大到暴雨，溢洪道控制堰堰顶过水深达 2.1m，相应库水位 115.40m，溢洪道泄洪流量 102m^3/s，收缩断面水深 $h_1=0.4$m，跃后水深 3.45m，消力池出口下游水深 1.42m，消力池出口水面跌落 0.6m。水库管理人员检查发现陡槽末段板块发生沿混凝土垫层接触面的失稳揭底破坏。是什么原因使重达近 100t 的钢筋混凝土板块在远小于设计标准洪水工况下，被水流揭底掀起呢？如不从理论上对溢洪道陡槽底板与消力池护坦失稳揭底破坏的机理进行分析，则有可能在后续溢洪道加固处理设计中重蹈覆辙，屡修屡毁。

一维和二维瞬变流模型理论分析与工程模型试验及大量工程失事原型观测和调查结果表明，溢洪道板块发生失稳揭底破坏大体经历以下 3 个子过程。

（1）首先，发生板块裂缝扩展、分缝止水破坏子过程。板块间分缝止水在高速水流与来流夹砂石颗粒、杂物磨损碰撞及脉动压力水流长期、反复交变作用下，部分或全部遭受破坏失效。

（2）随后，发生板块与下部结构或基岩分离子过程。脉动压力水通过板块接缝、裂缝、孔洞进入板块底面缝隙层并迅速传播，由于板块顶面的水流运动不受缝隙层的约束，而板块底面的水流运动受缝隙边界层面的约束，从而导致板块顶面、底面的脉动压力波传播差异显著，板块底面脉动压力波波速往往较顶面压力波波速（m/s）大 1～2 个数量级，于是板块顶面与底面的随机紊流脉动压力差产生的水流冲击流激振动就形成长期、反复作用于板块底面的强大脉动上举力，从而导致板块与下部结构或基岩接触面间缝隙层不断快速扩展和贯通，板块与下部结构或基岩接触面间的黏结力释放，并迅速降低、消减，以致板块与基岩分离，锚筋与所锚固基岩松动、失去作用，锚筋甚至被剪断或拉断。此子过程类似于非线性自激振动系统运动。在板块与下部结构或基岩分离过程中，脉动压力水流伴随有能量损耗。但高速水流系统存在一种机制，使能量能够获得系统本身的反馈调节，及时适量地得到补充，从而形成一个稳定的不衰减的周期性振动脉动压力，该脉动压力作用于板块及下部结构或基岩，直至其相互分离。

（3）继而，发生板块揭底失稳破坏冲移子过程。与基岩分离的板块，在高速水流强大的变频变幅随机脉动上举力作用下起动出穴，并发生掀起、冲移、失稳揭底破坏。

溢洪道混凝土板块的冲移失稳，使板块下部基岩直接暴露于高速泄流水中，高速水流迅速冲蚀该处的强风化与弱风化岩体，并向泄槽上游和下游发展，形成深大冲槽冲坑。泄槽板块下槽基岩体冲槽冲坑的形成，大致经历以下 3 个子过程：首先是高速水流挤压注入基岩节理面、断层裂隙等软弱结构面，使基岩沿裂隙、节理面发生水力劈裂、水力破碎、解体破坏；随后是基岩解体后的岩块，在强大的水流旋滚冲击与脉动压力破碎作用下，碎裂上升，出穴冲移；随着出穴岩块在冲坑内的磨损、碰撞破碎、冲移，冲坑的范围和深度迅速扩大，直至高速水流的有效能量与冲坑冲槽的抗冲消能相平衡时，冲坑冲槽不再发展而渐处于平衡状态。

一、脉动上举力的分析

前面对溢洪道陡槽底板与消力池护坦板块发生失稳揭底破坏的原因、机理进行了定性探讨，下面从定量方面进行计算分析。溢洪道陡槽底板与消力池护坦板块的稳定性设计，主要是确定板块的厚度及板块与基岩间的锚筋配设。对水库溢洪道工程设计，设计人员往往不考虑或不能正确把握作用于板块上的脉动荷载，没有认识到这一设计简化或粗化仅适用于溢洪道上下游水头差小、流速小、脉动荷载小或不存在脉动荷载的工程，当板块存有裂缝、孔洞、分缝止水破损等质量缺陷，且板块上作用有较强脉动荷载或脉动荷载起主控作用时，则这一设计上的概化或不当认知就有可能导致严重的工程事故，甚或工程灾难。

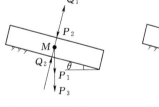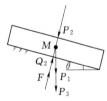

（a）止水完好工况　　（b）止水破坏工况

图 1-1　溢洪道陡槽板块受力简图

荷载分析表明，当溢洪道板块无裂缝、孔洞，且板块间止水完好时，作用于板块的力有[1]板块自重 P_1、板块顶面上的时均压力 P_2（作用方向与板块顶面垂直）、板块与基岩间的锚固力 P_3、板块顶面上的脉动压力 Q_1、板块底面上的扬压力 Q_2。溢洪道陡槽板块的受力简图如图 1-1（a）所示，其抗浮稳定条件见式（1-1）：

$$(P_2 - Q_1) + P_1\cos\theta + P_3\cos\theta - Q_2 \geqslant 0 \qquad (1-1)$$

引用安全系数 K_f，将式（1-1）改写成

$$K_f = \frac{(P_1 + P_3)\cos\theta + P_2}{Q_1 + Q_2} \tag{1-2}$$

式中：K_f 为安全系数，设计工况取 1.2，校核工况取 1.0；θ 为板块底面与水平面的夹角。

时均压力为

$$P_2 = \gamma_w h \cos\theta \tag{1-3}$$

式中：h 为计算点的水深；γ_w 为水的容重。

则式（1-2）可改写成

$$K_f = \frac{(P_1 + P_3 + \gamma_w h)}{Q_1 + Q_2}\cos\theta \tag{1-4}$$

特别的，对于消力池水平护坦，$\theta = 0°$，式（1-2）简化为

$$K_f = \frac{P_1 + P_2 + P_3}{Q_1 + Q_2} \tag{1-5}$$

式（1-5）即规范[3]推荐公式。

有必要指出：式（1-2）、式（1-5）是在溢洪道陡槽底板与消力池护坦板块间止水完好条件下的抗浮稳定计算式。若板块间止水被破坏，则式（1-2）、式（1-5）不再适用。此时，作用于板块上的力有板块自重 P_1、板块顶面上的时均压力 P_2、板块与基岩间的锚固力 P_3、板块底面上的脉动上举力 F、板块底面上的扬压力 Q_2。此时板块的抗浮稳定条件 [图 1-1（b）] 为

$$P_1\cos\theta + P_2 + P_3\cos\theta - F - Q_2 \geqslant 0 \tag{1-6}$$

类似于式（1-2），可得止水破坏条件下溢洪道陡槽板块抗浮稳定计算式：

$$K_f = \frac{(P_1 + P_3)\cos\theta + P_2}{F + Q_2} = \frac{(P_1 + P_3 + \gamma_w h)}{F + Q_2}\cos\theta \tag{1-7}$$

特别的，对于消力池水平护坦，$\theta = 0°$，式（1-7）简化为

$$K_f = \frac{P_1 + P_2 + P_3}{F + Q_2} \tag{1-8}$$

比较式（1-2）与式（1-7），溢洪道陡槽段与消力池护坦板块止水破坏工况下的抗浮稳定计算，只需将止水完好条件下的作用于板块顶面上的脉动压力 Q_1，用作用于板块底面上的脉动上举力 F 替代则可。由此可见，《溢洪道设计规范》（SL 253—2018）附录 B 陡槽底板与消力池护坦板块的抗浮稳定计算是建立在板块止水完好条件上的，即板块止水完好是规范 SL 253—2018 计算式成立的必要条件。

二、脉动上举力的计算[4]

板块破损裂缝或板块间分缝止水破坏失效情况下，计算确定作用于板块底面上的脉动上举力，便成了验算这类溢洪道陡槽底板与消力池护坦板块抗浮稳定的关键。下面将推求作用于板块底面的脉动上举力计算式。

脉动压强均方根 σ_p 计算式[4]为

$$\sigma_p = C_p \rho_w \frac{V^2}{2} \tag{1-9}$$

式中：C_p 为点脉动压强系数；ρ_w 为水的密度，kg/m^3；V 为设计工况下水流计算断面的平均流速，m/s，对于陡槽水流，可取计算断面的平均流速，对于消力池水流，可取跃首

收缩断面的平均流速。

实验资料表明[5]，溢洪道陡槽底板与消力池护坦板块在水流冲击下的点脉动压强基本符合正态分布，其中偏态系数 C_s 取为 0，峰态系数 C_e 取为 3.0，又虑及面脉动压强的均化效应，则作用于板块底面的脉动压强（N/m²）可按下式计算：

$$P_{fr} = 3\xi\sigma_p \tag{1-10}$$

式中：ξ 为点、面脉动压强转换系数；σ_p 为板块接缝入口处脉动压强的均方根值。

将式（1-9）代入式（1-10），并令 $K_p = \xi C_p$，则得

$$P_{fr} = 3\xi C_p \rho_w \frac{V^2}{2} = \frac{3}{2} K_p \rho_w V^2 \tag{1-11}$$

式中：K_p 为面脉动压强系数。

于是作用于溢洪道陡槽底板与消力池护坦板块底面上的脉动上举力计算式为

$$F = P_{fr} A \tag{1-12}$$

式中：A 为脉动压力作用面积，m²。

三、工程实例计算分析[4]

下面对前述芳陂水库工程实例进行计算分析。由于芳陂水库溢洪道陡槽底板与消力池护坦板块分缝均未设止水，可视作溢洪道分缝止水完全破坏工况。因此，应计算作用于陡槽末段板块底面的脉动上举力，并采用式（1-7）对其进行抗浮稳定分析。

据《水工建筑物荷载设计规范》（SL 744—2016），在脉动压强 P_{fr} 的计算中，取 $K_p = 0.025$，经计算得

$$P_{fr} = 3K_p \frac{\rho_w V^2}{2} = 6.10 \text{kN/m}^2; \quad V = 12.75 \text{m/s}; \quad F = P_{fr} A = 610 \text{kN}; \quad P_1 = 960 \text{kN};$$

$P_2 = 392 \text{kN}$；$P_3 = 0 \text{kN}$；$Q_2 = 809.33 \text{kN}$；$\theta = 14°2'10.48''$。

将以上计算所得陡槽末段底板板块所受诸力代入式（1-7），得其在溢洪道控制堰堰顶过水深 2.1m 时的抗浮稳定安全系数 K_f（规范规定的安全系数为 1.0～1.2）为

$$K_f = \frac{(P_1 + P_3)\cos\theta + P_2}{F + Q_2} = 0.93 < 1.0$$

由此可见，当陡槽底板分缝未设止水或止水破坏后，其末段底板板块抗浮稳定安全系数值不满足规范要求，且小于 1.0。即此工况下，陡槽末段底板发生失稳揭底破坏是必然的。

若采用规范 SL 253—2018 附录 B 中公式进行计算，则 $Q_1 = 61 \text{kN}$，相应的抗浮稳定安全系数 $K_f = 1.51 > 1.2$，即陡槽末段底板板块抗浮稳定安全系数满足规范要求。这一计算结果，显然与溢洪道陡槽末段底板板块所发生的失稳揭底破坏现象相悖，即规范抗浮稳定计算公式不适用于溢洪道陡槽底板、消力池护坦分缝止水被破坏工况。

综上可知，溢洪道陡槽底板与消力池护坦发生失稳揭底破坏的主要原因是板块间伸缩缝止水、底部排水、贯穿性裂缝与浇筑面处理不良，导致高速水流脉动压力水进入板块底面缝隙层，产生了强大的脉动上举力。因此，溢洪道陡槽、消力池结构设计应验算止水失效工况下的板块抗浮稳定安全性，并采取相应工程防护措施。

该工程实例给出了一座泄流水头约 10m、泄流单宽流量约 5m³/s、流速超过 12m/s 便出现高速水流现象的溢洪道陡槽段工程失事原型，从而为工程界对高速水流特殊水流现

象和伴生水力学问题发生的流速界限值提供了一个极具价值的工程案例。进一步的计算分析指出，溢洪道陡槽底板与消力池护坦板块所受脉动上举力随着作用水头的增大而增大，也随着计算断面平均流速的增大而加大。有必要指出，脉动上举力如重力坝的扬压力一样，是目前关于溢洪道设计中了解得最少的荷载之一。直至今日，脉动上举力、扬压力的分布和控制，仍是人们研究甚至科技攻关的课题之一。

第三节　东谷水库溢洪道水毁原因分析与教训[1]

东谷水库位于江西省安福县，是一座以灌溉和发电为主，兼有防洪及其他效益的大（2）型水库，工程等别为Ⅱ等；水库总库容 1.214 亿 m^3，设计洪水标准 100 年一遇，相应设计洪水位 148.00m，溢洪道泄洪流量 1360m^3/s；校核洪水标准 2000 年一遇，相应校核洪水位 149.19m，溢洪道泄洪流量 1690m^3/s；消能防冲建筑物设计洪水标准 50 年一遇，相应库水位 148.00m，溢洪道下泄流量 1130m^3/s。

东谷水库于 2007 年 6 月动工兴建，2010 年 1 月通过下闸蓄水验收，当月开始蓄水投入运用。溢洪道控制段长 26m（桩号 0−008～0＋018），控制堰为 WES 实用堰，堰顶高程 137.00m，泄流孔口尺寸 2×11.5m×10m（孔数×宽×高），采用弧形钢闸门控制。控制段后接梯形泄槽段（桩号 0＋018～0＋237.83），泄槽底坡 1∶5；泄槽底宽由 26.2m 渐缩至 22m（桩号 0＋018～0＋038），然后经长 130m 的等底宽泄槽（桩号 0＋038～0＋168）和长 30m（桩号 0＋168～0＋198）的渐变泄槽，底宽由 22m 渐扩至 30m，其后为长 39.83m（桩号 0＋198～0＋237.83）、底宽 30m 的泄槽。泄槽边墙坡比均为 1∶0.5，泄槽底板为 C25 混凝土结构，两侧边墙与底板间设有纵缝，底板横缝间距为 15m～22.5m。底板设计混凝土厚度为 0.4m～0.6m（施工实际浇筑混凝土厚度为 0.3m～0.38m），板块面层布设有 Φ12@250 构造钢筋，设置有入岩 1.6m、间距 4m 的 Φ22 锚筋；泄槽布设有 2 道掺气槽。泄槽末端接消力池，消力池长 35m、宽 30m、深 5m，护坦顶高程 85.00m；池内设有消力墩，出口设有消力尾槛，消力池护坦为 C25 混凝土结构，护坦板块按 15m×13.5m（长×宽）设置分缝，护坦混凝土厚 1.2m，布设有 Φ12@250 构造钢筋，设有入岩 3.5m、间距 2m 的 Φ25 锚筋。

2014 年 5 月 24—25 日，安福县普降大暴雨，东谷水库库区平均降雨量 102.5mm，致使库水位快速上涨，由 5 月 24 日 8 时的 146.82m 上升至 5 月 25 日 3 时的 147.30m，随即闸门开启泄洪，两扇弧形闸门开度均为 0.4m，相应的下泄流量为 90.4m^3/s；5 月 25 日 5 时 25 分，库水位上涨至 147.56m，2 扇弧门开度加大至 0.7m，下泄流量为 159m^3/s。7 时 29 分发现溢洪道泄槽底板原有冒水裂缝、孔洞部位及分缝部位涌水出流，随后，险情迅速扩大，泄槽段全线混凝土底板出现揭底失稳、掀起、冲移破坏，部分边墙坍塌，下部基岩形成冲槽、冲坑下切。是什么原因使重达近 250t 的钢筋混凝土板块在远小于设计标准泄洪流量工况下被水流揭底掀起呢？如不从理论上对溢洪道泄槽混凝土底板破坏形态、破坏主要原因进行探讨分析，则有可能在后续的溢洪道加固处理设计中重蹈覆辙，屡修屡毁。

东谷水库溢洪道失事调查表明，溢洪道泄槽首先在末段板块发生揭底失稳破坏，其破坏过程大体可划分为 3 个子过程：

（1）板块裂缝扩展、分缝止水破坏子过程。板块原有冒水裂缝及伸缩缝止水在高速水流冲击与来流夹砂石杂物磨损碰撞及脉动压力水高频交变作用下，裂缝快速扩展、分缝止水瞬间遭受破坏。

（2）板块与基岩分离子过程。脉动压力水通过贯穿裂缝与被破坏的分缝止水进入板块底面缝隙层并迅速传播，由于板块顶面、底面的脉动压力波传播速度差异显著，板块底面脉动压力波波速往往较顶面压力波波速（m/s）大 $1\sim2$ 个数量级，于是板块不断受到剧烈、强大的脉动上举力作用，导致板块和基岩分离，锚筋与所锚固基岩松动失去作用，锚筋甚至被剪断或拉断。

（3）板块揭底失稳冲移子过程。与基岩脱离的板块，在水流脉动上举力作用下，在高速水流作用下起动出穴，并发生掀起、冲移破坏。与此同时，高速水流冲刷掏蚀基岩，形成冲槽、冲坑下切。

一、脉动上举力计算

前面对溢洪道泄槽底板板块发生揭底破坏的原因、机理进行了定性探讨，下面从理论上进行定量计算分析，以查明溢洪道泄槽发生水毁的主要原因。

式（1-2）、式（1-7）分别给出了溢洪道泄槽底板与消力池护坦板块在分缝止水完好条件下与分缝止水被破坏工况下改进的板块抗浮稳定计算式，即

$$K_{\mathrm{f}}=\frac{(P_1+P_3)\cos\theta+P_2}{Q_1+Q_2} \quad （分缝止水完好） \tag{1-2}$$

$$K_{\mathrm{f}}=\frac{(P_1+P_3)\cos\theta+P_2}{F+Q_2} \quad （存有贯穿性裂缝或分缝止水被破坏） \tag{1-7}$$

式中：K_{f} 为安全系数，对于设计工况取 1.2，校核工况取 1.0；P_1 为板块自重，按混凝土的容重计算，kN；P_2 为板块顶面上的时均压力，kN；P_3 为板块锚筋锚固地基的有效重量，kN；Q_1 为板块顶面上的脉动压力，kN；Q_2 为板块底面上的扬压力，kN；F 为板块底面上的脉动上举力，kN；θ 为板块底面与水平面的夹角，（°）。

作用于板块底面上的脉动上举力按式（1-12）计算：

$$F=P_{\mathrm{fr}}A \tag{1-12}$$

式中：P_{fr} 为脉动压强，$\mathrm{kN/m^2}$；A 为作用面积，$\mathrm{m^2}$。

脉动压强可按式（1-11）计算：

$$P_{\mathrm{fr}}=\frac{3}{2}K_{\mathrm{p}}\rho_{\mathrm{w}}V^2 \tag{1-11}$$

式中：K_{p} 为脉动压强系数，可据《水工建筑物荷载设计规范》（SL 744—2016）取用；ρ_{w} 为水的密度，$\mathrm{kg/m^3}$；V 为计算工况下计算断面的平均流速，$\mathrm{m/s}$。

二、溢洪道泄槽水毁原因分析

（一）水毁工况的流态计算分析

东谷水库溢洪道泄槽水毁时的库水位为 147.56m，控制堰 2 扇弧形闸门的开度均为 0.7m，相应下泄流量为 $159\mathrm{m^3/s}$。经计算，该工况下控制堰堰顶流速为 $V_0=9.88\mathrm{m/s}$；控制堰收缩断面（桩号 0+018.00）水深为 $h_1=0.34\mathrm{m}$，相应流速为 $V_1=17.85\mathrm{m/s}$；泄槽末端断面（桩号 0+237.83）水深为 $h_2=0.16\mathrm{m}$，相应流速为 $V_2=33.13\mathrm{m/s}$。

以上水力计算表明，在溢洪道泄洪流量为 $159\text{m}^3/\text{s}$ 的弧形闸门小开度运行工况下，泄槽水流流态属高速水流，此时将出现一系列异于低速水流的特殊现象和伴生问题，如脉动与振动、空化与空蚀、掺气与掺气水流、冲击波与斜向水跃、滚波与非恒定流等，危害溢洪道的正常运用与结构安全。

（二）泄槽水毁主要原因分析

东谷水库溢洪道底板板块间分缝采用橡胶止水带止水。橡胶止水带埋设不规范，纵、横伸缩缝橡胶止水带接合段搭接不严密，水毁前泄槽底板存在裂缝、孔洞冒水现象。泄槽底板在高速水流的冲击与强大脉动压力水流的剧烈变频变幅交变作用下，贯穿性冒水裂缝、孔洞快速扩展，止水橡胶带被撕裂、剪切，以致部分或全部遭受破坏。于是高速脉动压力水流通过裂缝、孔洞、分缝等板块薄弱部位进入板块底面缝隙层，形成作用于板块底面的强大脉动上举力，导致板块与基岩接触面间缝隙层不断扩展和贯通，板块与基岩分离，锚筋与所锚固的基岩松动，从而产生揭底失稳破坏。

有必要指出的是，东谷水库溢洪道泄槽段地基为绿泥石绢云母石英片岩夹铁锰质砂岩，呈强风化～弱风化状，岩体破碎，岩性软弱，抗冲性能差。不良的地基条件，过小的锚筋直径与过浅的锚固入岩深度及过大的锚筋间距，使锚筋的锚固作用甚小。水毁后检查发现，大部分锚筋与地基岩块相分离，有的荡然无存。综上分析可知，导致东谷水库板块揭底失稳破坏的主要荷载是作用于板块底面上的脉动上举力。下面以首先发生揭底失稳破坏的溢洪道泄槽末段板块为例进行抗浮稳定定量计算分析。

泄槽末段板块长 22.5m，宽 14.4m，始端桩号 $0+215.33$ 的高程为 89.50m，末端桩号 $0+237.83$ 的高程为 85.00m。经计算，水毁泄流工况下，泄槽末段板块始端过流断面水深为 $h_3=0.165\text{m}$，相应流速 $V_3=32.13\text{m/s}$。据前述计算，板块末端过流断面水深为 $h_2=0.16\text{m}$，相应流速 $V_2=33.13\text{m/s}$。于是，泄槽末段板块的平均流速为

$$\overline{V}=\frac{1}{2}(V_2+V_3)=\frac{1}{2}(33.13+32.12)=32.63(\text{m/s})$$

据《水工建筑物荷载设计规范》（SL 744—2016），取 $K_p=0.025$。将 $\overline{V}$、K_p 代入式（1-11），得作用于泄槽末段板块底面的脉动压强：

$$P_{\text{fr}}=\frac{3}{2}K_p\rho_w\overline{V}^2=\frac{3}{2}\times0.025\times1\times32.63^2=39.93(\text{kN/m}^2)$$

将 P_{fr}、板块底面面积 $A=14.4\times22.5(\text{m}^2)$ 代入式（1-12），得泄槽末段板块所受脉动上举力：

$$F=12937\text{kN}$$

末段板块自重：

$$P_1=14.4\times22.5\times0.32\times24=2488.32(\text{kN})$$

鉴于溢洪道泄槽末段板块在水毁工况下的过水深很浅，且锚筋锚固作用甚微，于是板块所受时均压力、扬压力、板块与基岩间的锚固力均可忽略不计。从而显见，泄槽末段板块的结构稳定性受高速水流脉动上举力控制，这一巨大脉动上举力足以彻底摧毁溢洪道泄槽混凝土底板，如水毁现场所表现的状况。

综上，东谷水库溢洪道泄槽水毁的主要原因是不良泄槽地基条件与泄槽板块在高速水

流作用下现有开放型贯穿性裂缝、孔洞快速扩展，伸缩缝止水遭受破坏，脉动压力水快速进入板块底面缝隙层产生强大的脉动上举力所致。因此，水工设计人员应当尊重自然规律，对自然之力、水之力，常怀敬畏之心，牢牢记取千里之堤溃于蚁穴、百米泄槽板块毁于毫厘缝隙的沉痛水毁工程教训。为防止类似事故发生，在溢洪道设计中应重视不良地基的处理与水工模型试验验证，应考虑宣泄低于设计标准洪水可能出现的不利流态，应通过技术经济比较，合理设计溢洪道衬护材料与消能建筑物级数。

第四节　溢洪道泄槽底板揭底失稳水毁的教训与启示

芳陂水库、东谷水库溢洪道泄槽底板发生揭底失稳破坏，原因是多方面的。下面仅就溢洪道设计常被忽视却不容忽视的若干问题进行分析，以期引起设计人员的重视。

（1）应重视溢洪道不良地基与溢洪道结构缺陷的加固处理。应重视溢洪道地基中软弱岩石和岩体结构缺陷的加固处理设计，务使地基与上部结构的工作条件相互协调和适配。应重视混凝土底板孔洞、裂缝、伸缩缝破损止水设备、淤堵排水系统的修复；对存在高速水流泄洪流态的溢洪道，应将泄槽底板、消力池护坦分缝止水破损或板块存有贯穿性裂缝、孔洞这一可能存在的运行工况，作为校验工况列入溢洪道设计内容；复核嵌入泄槽底板的排水暗管对板厚的削弱影响及缺陷评估。溢洪道工程失事原因调查与分析告诫人们，设计人员往往重视建筑物结构设计，轻视建筑物地基处理设计及日常维修养护设计，而不良地基与建筑物结构缺陷的简单化处理，甚或不处理，常造成工程隐患，甚至引发工程事故，东谷水库溢洪道泄槽水毁及不良地基受洪水冲刷形成深达 20m 的冲坑即为例证。

（2）应重视宣泄低于设计洪水标准下高速水流泄流量工况的溢洪道结构安全性复核。事实上，宣泄小流量洪水时，泄槽过水深及下游尾水深均较浅，易出现滚波现象及发生远驱式水跃。

（3）应重视合理设置消力池级数与消能建筑物设计。众所周知，溢洪道基面衬护设计的指导思想是利用衬护材料强度抵抗水流的冲击。因此，底流消能溢洪道工程设计的一项重要任务是按流速是否满足泄槽建材抗冲要求，通过技术经济比较合理确定是提高泄槽衬护材料抗冲流速更经济，还是增加消力池级数更经济，并据此，合理采用泄槽建材与进行消能工设计。

有必要指出，对消力槛式消力池与综合式消力池，如过消力槛的水流为非淹没出流，即过槛水流为自由出流时，槛后水流仍然可能产生远离水跃，还将对下游河床产生冲刷，此时必须进行消力槛后的水流衔接计算，确定是否需设置第二级消力池或采取其他消能措施，直至出现淹没式出流形态。修建于山区河流上、采用底流消能的水陂低堰，其消力池屡修屡毁，一般都是消能不充分所致。

设计工程师应切记，消力池的最大池长和池深确定，并不一定与溢洪道设计过流量相对应，应对各级流量进行计算，分别求其水跃跃前断面的收缩水深及相应流速、跃后水深和下游出水渠水深，判别跃前断面处是否产生高速水流，并选用水跃跃后水深和下游出水渠水深之最大差值所对应的流量值进行消力池水力设计与结构设计，相应水跃淹没度可在 1.05～1.10 倍跃后水深范围内选择，即应明确认识到底流消能设计的重要目的是保证在各级流量工况条件下，寻求满足能量方程、水跃方程、出消力池水面衔接方程，且在消力池内均形成稳定淹没式水跃的控制解或优化解。应充分考虑消力池后下游河床冲刷深度对水力条件改变的风险性及对消能工的影响。

设计工程师应充分认识到泄槽高速水流流态对边界的敏感性，切实控制过流边界壁面的局部不平整度，设置必要的减蚀设施。

（4）切实做好泄槽底板与消力池护坦伸缩缝止水。必要时应设置 2 道止水；注意减小板块底面与基岩面间或与混凝土垫层面间的接触缝隙；当板块较厚，分层浇筑时，各分层间须防止出现层间的施工冷缝，必要时，层间应设置插筋，以确保板块的整体性。消力池首部 1/3 池长范围内，属水跃漩滚区，流态复杂，水流紊乱，压力水通过明排水孔钻入护坦底部，脉动上举力最大，不宜在该范围内设置穿过护坦的明排水孔。

（5）当泄槽流程 $L \leq 18q^{\frac{2}{3}}$（q 为泄槽单宽流量）时，据可忽略沿程损失的能量转换方程及芳陂水库溢洪道泄槽底板发生揭底失稳破坏工程案例，在溢洪道控制堰泄流水位与消力池护坦间的水头大于 10m，或泄槽流速大于 12m/s 时，便应重视高速水流异于低速水流的特殊现象和伴生问题的计算分析，如脉动与振动、空化与空蚀、掺气与掺气水深、冲击波与斜向水跃、滚波与非恒定流等，评估其对溢洪道正常运用和结构安全的危害性，并采取必要的防范措施。

（6）应重视水工模型试验工作。应认识到目前溢洪道的设计水平尚处于"半理论半经验"状态。对大型工程或水力条件较复杂的中型工程的溢洪道，仅靠水力计算难以准确反映溢洪道运用过程中的泄流状态，因此，规范 SL 253—2018 规定，应进行水工模型试验，以验证其布置设计与水力设计的合理性。设计阶段对这一工作的忽视有可能错失一次发现并校正理论计算缺陷的机会，如东谷水库溢洪道的设计。

在这里，必须强调水工模型试验和水力计算分析只能是互为补充、相辅相成，而不能互相取代。为了确保水工模型试验的质量，必须坚持敬业、精益求精的工匠精神，依据准确的原型资料，制作符合相似律的物理模型，采用科学的试验方法，使用精准的仪器量测设备，任一环节的失误都将导致模型试验成果失真，从而误导设计。

在本章结束时，有必要回顾分析"第一节　概述"中所列述众多溢洪道、泄洪洞失事破坏的深层次原因。溢洪道地基岩土体属复杂介质体系，其物理力学性能受到众多因素影响制约，涉及具体溢洪道、泄洪洞岩土工程科学分析时，往往由于计算成果的可靠性存疑，尚不能成为溢洪道地基与上部结构设计、泄洪洞设计的主要手段。究其原因：一是对计算结果影响显著的岩土体本构模型、水力模型选取常带有相当程度的盲目性；二是与计算精度影响相关联的岩土体物理力学参数、水力学参数取用值，往往存有给不准的问题。也就是说，岩土力学与工程应用、水力学与工程应用经近 50 年的研究进展，在定性分析与定量计算及二者结合方面的认识更加深入，但在满足工程实际越来越高的定量化要求方面还显得步履维艰，具有不确定性。由此可见，要提高涉及岩土力学、复杂水力学工程溢洪道设计、泄洪洞设计计算的可靠性，就必须解决输入的岩土体本构模型、工程水力模型与物理力学参数值、水力学参数值采用是否合理的问题。而这正是当前乃至今后相当长时期内岩土力学、水力学与工程学科研究中的两大前沿课题。

鉴于上述问题，就目前人们对工程岩土体、工程水力学与建筑物、构筑物结构及施工环境的认知，应摒弃以往单一确定性结构系统思维方式，进而将其视为一个复杂不确定性结构系统进行综合性分析研究，采用系统思维、反馈思维、全方位思维（包括逆向思维、非逻辑思维、发散思维甚至直觉思维）对岩土体、流动水体与工程结构的性态进行全面动态分析、耦联分析研究，切忌知识碎片化。应与时俱进，拓展认知深度与广度。但就目前的认知水平而言，对每座具体水利水电工程的溢洪道设计、泄洪洞设计，采用理论与经验相结合的方法无疑是当前的最佳选择，即采用"半理论半经验"的设计方法是符合科学的方法论的。与此同时，也应进一步学习探求，加强哲学和科学方法论对岩土力学与工程、水力学与工程学科的指导作用，发挥实验与数学的工具作用，走学科融合、学术方法融合、工程融合之路，不断促进溢洪道设计、泄洪洞设计的进步、发展和成熟，避免或减少溢洪道、泄洪洞失稳破坏事故的发生。水工专业工程师应深刻认识到，人类只能得到相对真理，但永远达不到绝对真理。人类探索科学的过程是永无止境的。

第二章　进水口设闸门控流的坝下涵管空蚀破坏及防空蚀措施[6]

第一节　概　　述

高速低压流建筑物过流面常出现的剥蚀破坏现象通常称为空蚀（也称气蚀）。空蚀试验揭示，空蚀是由空化水流所致。当水流流速较高时，水流的压力就变小，在温度一定时，若水体所受的压力降低到该温度下水的蒸汽压力值时，水体内就会出现空化现象，水流内部中的气核膨胀增大而产生空泡。有必要指出，水的空化与水的沸腾形似而质异。空化所产生的空泡随高速水流带向下游压力较高区域后，泡中的蒸汽重新凝固，空泡便瞬间突然破裂溃灭，形成高强度冲击压强与微射流压强，其强度可达数百兆帕级[7]。显然，这种高强度冲击荷载与微射流荷载若直接且连续地作用于坝下涵管管壁上，将导致涵管壁面出现蚀损破坏，这种现象工程界称为"空蚀"，轻则出现斑点麻面，强度丧失；重则形成蜂窝孔洞，片状剥落；更严重者，可产生深大蚀坑，混凝土甚至岩块被掀起冲移。显而易见，空蚀的破坏程度既取决于水流的空化强度，又与结构材料的抗蚀能力密切相关。

进水口设闸控流坝下涵管流态主要与涵管过流量及库水位、涵管断面型式及尺寸、涵管底板高程及底坡、涵管长度及通气孔设置等因素有关。当涵管内水流未与闸门底、管顶接触时，管内水流为无压流；当水流接触闸门底，管内水面仍处于管顶以下，管内水流为孔流；当管内已有局部断面充满水流，管内水流为半有压流；当全涵管被水流充满时，管内水流为有压流。

鉴于影响涵管流态的因素众多且甚为复杂，目前，对涵管流态的转化界限尚无成熟的计算方法，但有一点在水工界是明确的，即封闭管道内应避免水跃现象的发生，应避免明满交替半有压不稳定流态的出现。因为封闭管道内的水跃或明满交替半有压流流态存在空气与气核，均有可能在管道内产生空化现象，并形成空蚀破坏等严重问题，影响坝下涵管的正常使用，甚至危害大坝的运行安全。

以往人们关注的是如何防止空蚀破坏，而对空蚀的成因机理则不太重视，致使水工建筑物往往因设计、施工或运行不当等原因，仍不断发生空蚀破坏问题。下面分别以中型水利工程官溪水库坝下涵管、某小（1）型水利工程坝下涵管发生空蚀破坏为例，进行计算分析。

第二节　圆形坝下涵管空蚀破坏分析

江西省吉安市吉州区中型水利工程官溪水库大坝控制集水面积 $18.5km^2$，正常蓄水位 $79.53m$，总库容 1510 万 m^3，兴利库容 1170 万 m^3，设计灌溉面积 0.16 万 hm^2，水库输水建筑物为进水口设闸控流的无压流钢筋混凝土坝下涵管，闸门过流孔口尺寸为 1.2m×0.8m（宽×高），坝下涵管内径 1.8m，底坡 $i=1/300$，孔口断面底板高程 70.80m，坝下涵管以正常蓄水位为设计工况，工作闸门后涵管长 46m，管后接灌溉渠道。

2017 年 6 月 12 日，有关人员进入涵管检查发现，距闸门孔口 11m～43m 长 32m 中间管段顶部与侧壁混凝土见有严重剥蚀破坏现象，蚀损深度 10mm～30mm，剥落混凝土手捻呈粉末状，粗骨料大面积裸露。设闸控流的无压流涵管出现如此严重蚀损破坏现象，引起了主管部门、设计单位与水管单位的高度重视，立即组织工程技术人员分析原因，及时提出加固处理设计方案。据美国统计，在上游坝面或上游坝面附近设置阀门（闸门）控流的输水建筑物，几乎都遭到严重的气蚀破坏。鉴于这一涉坝下涵管结构安全技术关键问题的普遍性，本节以官溪水库坝下涵管空蚀破坏为例，从理论上进行定量计算分析，以查明进水口设闸门控流坝下涵管发生空蚀破坏的原因，并提出相应防空蚀破坏措施，意欲为水工设计人员提供借鉴。

一、坝下涵管收缩断面水深计算

据坝下涵管运行资料，水库正常蓄水位工况下的闸门开度为 0.27m，相应涵管过流量为 2.44m³/s。经计算，出口管段均匀流正常水深为 0.88m，圆涵管过流面积相应圆心角 $\theta=177°27'11.9''$（3.09714rad）。过流面积为

$$\omega=\frac{1}{8}d^2(\theta-\sin\theta) \tag{2-1}$$

式中：ω 为圆形涵管过流面积；d 为坝下涵管内径；θ 为过流面积相应圆心角。

求得过流面积为 1.24m³，相应流速为 1.97m/s。此时，闸门孔口处流速为 7.53m/s，收缩断面处流速为 12.20m/s。据水力学，由闸门后涵管收缩断面处急流过渡到管内缓流，必将出现水跃这一局部水力现象实现水流间的衔接。

利用式（2-2），可求算出闸孔后坝下涵管的收缩断面水深，即第一共轭水深[7]：

$$T_0=h_c+\frac{Q^2}{2g\varphi^2\omega_c^2} \tag{2-2}$$

式中：T_0 为相对于坝下涵管底板的进水口总水头，在正常蓄水位运行工况下，$T_0=79.53-70.8=8.73$（m）；h_c 为收缩断面水深，m；Q 为坝下涵管设计灌溉引用流量，$Q=2.44$m³/s；φ 为流速系数，取 $\varphi=0.95$；ω_c 为收缩断面过流面积，m²。

采用试算法求得坝下涵管的收缩断面水深 $h_c=0.24$m，相应圆心角 $\theta_c=85°40'$（1.4951687rad），于是有

$$\omega_c=\frac{1}{8}d^2(\theta_c-\sin\theta_c) \tag{2-3}$$

计算得收缩断面过流面积 $\omega_c=0.20$m²，相应流速 $V_c=12.20$m/s。

有必要指出，水工设计人员往往忽视涵管内收缩断面水深及流速计算，而误将闸门孔口处流速视为涵管内水流最大流速，这一水力计算失误有可能导致坝下涵管不良流态被忽视。

二、坝下涵管第二共轭水深计算

圆形涵管内发生有压水跃现象时，其第一共轭水深断面、第二共轭水深断面的压力动

量和守恒方程式为[8]

$$\frac{Q^2}{gA_1^2}+A_1Z_1=\frac{Q^2}{gA_2^2}+A_2Z_2 \qquad (2-4)$$

其中 $\qquad A_1=\omega_c \qquad A_2=\frac{1}{4}\pi d^2 \qquad Z_2=h_2-\frac{1}{2}d$

式中：Z_1、Z_2 分别为第一、第二共轭水深断面的过流面积重心在水面以下的深度；h_2 为第二共轭水深，可取跃后断面的压坡线至管底的压力水头值。

Z_1 的计算式为[9]

$$Z_1=\frac{1}{2}d\left(1-\frac{4}{3}\cdot\frac{\sin^3\frac{\theta}{2}}{\theta-\sin\theta}\right) \qquad (2-5)$$

将 $d=1.8\text{m}$，$\theta=85°40'$代入式（2-5），求算得 $Z_1=0.14\text{m}$。

于是，将 $A_1=\omega_c=0.20\text{m}^2$、$Z_1=0.14\text{m}$、$A_2=\frac{1}{4}\pi d^2=\frac{1}{4}\pi\times1.8^2=2.5447\text{m}^2$、

$Z_2=h_2-\frac{1}{2}d=h_2-0.9$ 代入式（2-5），求算得坝下涵管第二共轭水深 $h_2=6.84\text{m}$。

以上计算表明，坝下涵管第二共轭水深 $h_2=6.84\text{m}$，远大于坝下涵管过流断面内径 1.8m，即坝下涵管在正常蓄水位 79.53m 时闸门开度 0.27m 运行工况条件下，闸门孔口射流所形成的涵管内有压水跃将充满涵管过流断面，从而在涵管内出现明满交替半有压流不稳定流态，闸孔与跃后断面间的气体不断被水流带走，产生负压及不稳定气囊，以致出现空化空蚀破坏现象。也就是说，坝下涵管内所出现的不良运行流态，是导致中间管段顶部及侧壁混凝土疲劳蚀损破坏、进而失去其应有强度的主要原因。

三、坝下涵管有压水跃计算

坝下涵管管内有压水跃跃首断面的平均水深为

$$\overline{h}_c=\frac{\omega_c}{B}=\frac{0.2}{d\cdot\sin\frac{\theta}{2}}=0.16(\text{m})$$

式中：B 为过流断面的水面宽度。

其弗劳德数 $\qquad Fr_c=\frac{v_c}{\sqrt{g\overline{h}_c}}=\frac{12.2}{\sqrt{9.8\times0.16}}=9.74$

即在此运行工况条件下，坝下涵管将产生强烈有压水跃。

采用《水力计算手册（第二版）》（武汉大学水利水电学院水力学流体力学教研室）所推荐 $9.0<Fr_c<16$ 时的水跃长度计算式，进行坝下涵管有压水跃长度计算：

$$L=h_c[8.4(Fr_c-9)+76](1+0.7i) \qquad (2-6)$$

式中：i 为坝下涵管底坡。

将 $h_c=0.24\text{m}$，$Fr_c=9.74$，$i=1/300$ 代入式（2-6），求算得 $L=33.24\text{m}$。

水跃长度计算结果与坝下涵管实测蚀损管段长约 32m 基本吻合。闸门孔口后坝下涵管长 46m，蚀损长度占闸门后涵管总长度的 70%。官溪水库坝下涵管蚀损破坏长度甚长，

与坝下涵管底坡较缓有关。

四、管内有压水跃与闸门相对开度

综上，以官溪水库坝下涵管在正常蓄水位闸门开度为 0.27m 时的运行工况为例，对进口设闸控流的坝下涵管出现有压水跃不利流态造成空蚀破坏进行了计算分析。据此可知，为确保坝下涵管的运行安全，很有必要给出库水位、流量及开度关系曲线，以确定不同运行工况条件下的闸门开度，避免管内不良流态的发生。但鉴于问题的复杂性，目前，对封闭式管流流态的转化界限尚缺乏成熟的计算方法，但对设闸控流的圆形坝下涵管，可据有关试验研究成果[10]，按相对水头 $H/d \geqslant 4$（H 为上游库水位，d 为进口孔口高度）、闸门孔口相对开启度 $e/d \leqslant 0.3$（e 为闸门开启高度）时，管内将可能产生有压水跃进行把控。也就是说，对进口设闸控流的坝下涵管，应据相对水头值，避免在上述相对开启度工况条件下运用。对各具体运行工况，如需进一步分析认定管内是否出现有压水跃，则可按前述计算方法予以计算确认。

第三节　城门形坝下涵管空蚀破坏原因分析

某小（1）型水库坝址以上控制流域面积 14.7km²，水库正常蓄水位 164.08m，设计洪水位 166.90m（$P=3.33\%$），校核洪水位 168.44m（$P=0.2\%$），总库容 427 万 m³。设计灌溉面积 0.057 万 hm²，实际灌溉面积 0.026 万 hm²。水库输水建筑物为进水口设闸控流的城门形无压流钢筋混凝土坝下涵管，净空尺寸 1.0m×1.4m（净宽 $b=1.0$m；直墙高 $h=0.9$m，半圆顶拱净空 $r=0.5$m），工作闸门后涵管长 127m，底坡 $i=9.5‰$，闸孔底板高程 146.48m。坝下涵管以正常蓄水位开启闸门输水为设计工况。

2019 年 9 月上旬，技术人员进入涵管检查发现，距闸门孔口后长约 16m 管段侧墙壁面见有严重剥蚀破坏现象，蚀损深 10mm～50mm，骨料多处大面积裸露。为查明城门形坝下涵管发生空蚀破坏的原因，下面以该水库城门形坝下涵管为例进行探究分析。

一、坝下涵管收缩断面水深计算

据水库管理人员介绍，水库正常蓄水位工况下的闸门运用开度为 0.15m。采用闸孔出流流量计算公式求算得涵管相应输水流量为 1.67m³/s。经计算，坝下涵管底坡 $i=9.5‰$，小于输水流量下的临界底坡 $i_k=1.0\%$，涵管内均匀流正常水深 0.67m，相应过流面积为 0.67m²，流速为 2.49m/s，此时，闸门孔口处流速为 11.13m/s。

据式（2-2），计算得闸后收缩断面处水深 $h_c=0.095$m，收缩断面处流速 $V_c=17.5$m/s。

二、坝下涵管第二共轭水深计算

水力学理论指出，由闸孔后坝下涵管收缩断面处的急流过渡到下游管段内的均匀缓流流态，必将产生水跃现象。

鉴于城门形坝下涵管第一共轭收缩断面水深为 $h_c=0.095$m，于是过流矩形断面的面积重心在水面以下的深度为 $z_1=0.0475$m。第二共轭水深断面的满管过流面积重心至管底的高度 h_0 可据式（2-7）求算，即

$$h_0 = h + \left(\frac{2}{3}r^3 - \frac{1}{2}bh^2 \right) \bigg/ \left(\frac{1}{2}\pi r^2 + bh \right) \qquad (2-7)$$

将 $r = 0.5\text{m}$，$b = 1.0\text{m}$，$h = 0.9\text{m}$ 代入得 $h_0 = 0.65\text{m}$。

进而，据式（2-4）可求算处第二共轭水深 h_2。

于是，将 $A_1 = 0.095\text{m}^2$，$z_1 = 0.0475\text{m}$，$A_2 = \frac{1}{2}\pi r^2 + bh = \frac{1}{2}\pi \times 0.5^2 + 1.0 \times 0.9 = 1.2927\text{m}^2$，$z_2 = h_2 - 0.65(\text{m})$ 代入式（2-4）求算得城门形坝下涵管第二共轭水深 $h_2 = 24.74\text{m}$。

以上计算表明，坝下涵管第二共轭水深 $h_2 = 24.74\text{m}$，远大于坝下涵管过流断面净空高度 1.4m，即坝下涵管在正常蓄水位 164.08m 时闸门开度 0.15m 运行工况条件下，闸门孔口射流所形成的涵管内有压水跃将充满涵管过流断面，从而在涵管内出现明满交替半有压流不稳定流态，闸孔与跃后断面间的气体不断被水流带走，产生负压及不稳定气囊，以致出现空化空蚀破坏现象，造成城门形涵管侧墙壁面及侧墙与顶拱连接部位出现严重蚀损破坏。

三、坝下涵管有压水跃计算

据前述计算，坝下涵管内有压水跃跃首断面的水深为 $h_c = 0.095\text{m}$，流速 $v_c = 17.58\text{m/s}$，其弗劳德数 $Fr_c = 18.21 > 9.0$，坝下涵管水流将产生强烈有压水跃现象，据式（2-6）计算得水跃长度 $L = 14.67\text{m}$，与坝下涵管量测空蚀破坏管段长约 16m 基本一致。鉴于该水库坝下涵管为 5 年前除险加固拆除重建，投入运行时间尚短，为避免坝下涵管因闸门开度运用不当产生不良流态而进一步受损，危及管体的运行安全，应计算编制库水位、流量及闸门开度的关系曲线，并对管体蚀损部位进行修复加固处理。

第四节　进水口设闸门控流的坝下涵管防空蚀措施

进水口段设闸门控流的坝下涵管发生空蚀破坏，原因是多方面的，但现象却具普遍性，只是在破坏程度上存有差异。因此，有必要研究其可行的防空蚀措施，下面仅就设闸门控流的坝下涵管设计、施工及运行常被忽视却不容忽视的若干问题做一粗浅分析，以期引起水工设计人员与运行管理单位的重视。

（1）水工设计人员应如重视坝下涵管结构设计一样，重视其水力设计，在水力设计中应避免水力不协调现象的存在，应验算在各级设计流量过流条件下，管内不产生水跃。众所周知，水跃是一种局部不稳定流现象，水跃的产生将引发水流中的气核在低压区集聚结团，继而在高压区破碎溃灭，出现空化空蚀现象，特别是跃尾断面触及管顶的有压水跃所表现出的跃前断面不稳定迁移现象。跃尾断面强烈压力脉动现象，将加剧水跃水流的紊动，增大其破坏性。因此，封闭管道的水力设计应避免管内水跃现象的出现。

（2）水工试验表明，闸门孔口断面采用突变式体型与涵管连接易产生负压，以致出现空化空蚀破坏；坝下涵管过流壁面不平整，将导致过流能力的降低与高速水流下的空蚀破坏。因此，在坝下涵管设计时，闸门孔口与涵管间应采用渐变流线形体型连接；在施工作业时，应确保体型合理、壁面平滑，强化建筑物水流边界壁面平整度施工质量监管与控制，提高闸门与管身结构的抗空蚀破坏能力。

（3）坝下涵管紧靠闸门后设置通气管（孔），是常用的减蚀设施，但一旦坝下涵管过流时产生有压水跃，管（孔）内将引起强烈的自由掺气与强迫掺气，此时，通气管（孔）的进气风速将远高于水流流速，掺气使水流的初生空化数加大，从而使空蚀破坏更易发生且破坏强度加剧，这是设置通气管（孔）利弊的辩证关系。因此，对于有可能出现有压水跃的坝下涵管，通气管（孔）的布置设计应合理，其通气量与通气管（孔）面积应通过计算拟定，并留有安全余度。

（4）官溪水库坝下涵管严重空蚀破坏原型观测及其计算表明，设闸门控流的坝下涵管过流收缩断面流速超过 12m/s 时，便有可能出现高速水流异于低速水流的特殊现象及其水力学问题。因此应重视设闸控流坝下涵管调度运用设计，计算并绘制出库水位、流量所对应的开度曲线，以指导调度运行管理，确保坝下涵管运行安全。

如前所述，进水口段设闸控流按无压流设计运用的坝下涵管，如闸门开度不当，涵管内有可能出现有压水跃，形成明满交替半有压流流态，产生空化空蚀破坏。对进水口段设闸控流按有压流设计运用的坝下涵管，则随着闸门开度的减小或加大，管内过流量也将相应地减小或加大，从而涵管内将可能出现有压流向无压流或无压流向有压流转变的明满交替半有压流过渡流态。因此，在坝下涵管运行管理中应合理掌控闸门开度，避免有压水跃或明满交替半有压流流态的发生，特别是应避免坝下涵管长时间处于不良流态下工作，及时消除或减轻有压水跃及明满交替流对坝下涵管的空蚀破坏危害。

（5）根据坝下涵管结构设计状态，对于进水口段设闸控流的无压流运用的坝下涵管，通过在涵管末端设置工作闸门，将进水口闸门改造为检修闸门，并采取相应水力与结构处理措施，可将无压流变更为有压流，以消除管内水跃现象，改变不良流态。

水库工程无压流运用的坝下涵管，壁面产生大面积蚀损破坏的原因是设闸控流的开度不当，闸后涵管段出现有压水跃，形成明满交替流，产生空化空蚀破坏所致。而对于中小型水库工程，在坝下涵管进水口段设闸控流，企求管内恒为无压流流态，这一设计理念广为水工设计人员所认同。然而工程运行实践表明，这一工程结构设计理念对流态的掌控并不可靠，且按此理念设计的众多坝下涵管普遍存在程度不同的空蚀破坏现象。因此，为防止类似蚀损破坏现象发生，除重视防空蚀水力设计外，对水力条件较复杂的中型工程坝下涵管，尚应进行水工模型试验，论证其布置与水力设计的合理性。

（6）有必要指出，上述进水口设闸门控流的坝下涵管空蚀破坏缘由分析，也适用于斜管式进水口倒虹吸管进口较大水面跌落及进水管急流在管内形成有压水跃而产生的空蚀破坏，而斜管式进水口倒虹吸管消除有压水跃，则可采用合理降低进口底板高程的措施，使倒虹吸管管前进口水流为淹没缓流，不致产生水跃流态衔接即可。如不采取有效防范措施，则如历头水库坝下涵管采用斜拉钢丝绳控制斜卧管拍门深孔取水（其运行工况条件类似于斜管式进水口），高库水位工况下，不当运行开启孔数，使得坝下涵管内形成有压水跃，从而产生严重空蚀破坏。

第三章　圆形坝下涵管结构若干关键理论
与技术研究及应用

第一节　概　　述

　　坝下涵管是水库枢纽工程三大建筑物（挡水建筑物、泄水建筑物、输水建筑物）之一，是土坝的重要组成部分。它具有地质条件囿限因素少、施工简便、施工质量易控、工期短、造价低等优点，从而获得了广泛的应用。我国兴修各类水库近 10 万座，其中采用坝下涵管输水的占 80% 以上，且涵管多为混凝土或钢筋混凝土结构。由于坝下涵管穿坝而过，与土坝彼此依存而不可分割，其结构性破坏直接危害大坝的安全。据国内外土石坝失事调查统计资料，因坝下涵管质量问题造成土石坝失事的比例约为 13%。由此可见，坝下涵管的设计、施工质量直接关系到大坝工程的安全。

　　在圆形坝下涵管设计中，现行规范及计算方法只考虑涵管的横断面结构内力与配筋计算，且未计及坝下涵管与坝体土间的相互协调作用；而涵管的纵向内力与配筋计算却往往被忽略，仅按构造配筋，在设计方面存有缺陷；施工又往往疏于防范，致使坝下涵管横向裂缝成为常见病害。坝下涵管出现纵向裂缝或横向裂缝与许多因素有关，诸因素综合作用的效应是管身横向拉应力或纵向拉应力大于混凝土极限抗拉强度所致。鉴于坝下涵管裂缝现象相当普遍，是长期困扰水工结构设计人员的一个技术难题，为工程技术人员所关注。因此，研究分析圆形坝下涵管横向内力及纵向内力与应力计算并进行横向和纵向抗裂验算是非常必要的，对防止圆形坝下涵管纵向与横向裂缝的出现具有工程实际意义。

第二节　厚壁圆管弯矩计算及薄壁圆管与厚壁圆管的分类

　　众所周知，建立在弹性理论上的厚壁圆管应力计算属于精确解，而薄壁圆管应力计算仅为其特例，是厚壁圆管精确解在一定条件下的近似解。因此，可将建立在材料力学、结构力学基础上的受均布内、外压力作用的薄壁圆管计算问题统一于弹性理论厚壁圆管计算问题，并据此讨论厚壁圆管与薄壁圆管的分类原则，给出相应的计算表达式及适用范围。目前，厚壁圆管与薄壁圆管分类原则在各类文献中不相一致，有的文献采用 $t/D < 1/10$（t 为管壁厚度，D 为管内径）为薄壁圆管；有的采用 $t/D < 1/20$ 为薄壁圆管；有的介绍 $b/a < 1.1$（a 为圆管内半径，b 为圆管外半径）为薄壁圆管。由于缺乏统一的分类原则，工程实际应用中常产生误套而致错。

一、厚壁圆管弯矩计算

　　厚壁圆管与薄壁圆管的差别在于壁的"厚"和"薄"。对厚壁圆管，径向应力 σ_r 不可

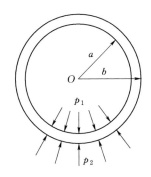

图 3-1　厚壁圆管受均匀内、
　　外压力作用应力计算简图

忽略，切向应力 σ_θ 沿壁厚呈曲线分布；而薄壁圆管径向应力 σ_r 可忽略不计，切向应力 σ_θ 沿壁厚均匀分布。

如图 3-1 所示，受均匀内压力 p_1、外压力 p_2 作用的厚壁圆管是轴对称问题，而厚壁内产生的应力和应变也是轴对称的。因此，剪应力和剪应变均为零。于是，根据弹性力学，可得厚壁圆管受内、外压力作用的拉梅（Lame）解[11]：

$$\left.\begin{array}{l} \sigma_r = \dfrac{p_1 a^2 - p_2 b^2}{b^2 - a^2} - \dfrac{(p_1 - p_2)a^2 b^2}{(b^2 - a^2)r^2} \\[3mm] \sigma_\theta = \dfrac{p_1 a^2 - p_2 b^2}{b^2 - a^2} + \dfrac{(p_1 - p_2)a^2 b^2}{(b^2 - a^2)r^2} \end{array}\right\} \qquad (3-1)$$

由式（3-1）可知，厚壁圆管环向应力沿管壁径向为幂曲线分布，其最大值与最小值分别在管内、外壁表面。所以，σ_θ 在圆管径向截面上将产生弯矩，这不仅影响圆管的抗裂安全度，而且还将直接影响圆管的结构强度。

（一）厚壁圆管径向截面弯矩计算

关于厚壁圆管弯矩计算，以往在工程设计中往往采用简化处理。一种方法是视厚壁圆管为薄壁圆管，认为弯矩 $M=0$；另一种方法是采用简化公式计算，即

$$M = \frac{(p_1 - p_2)at^2}{12r_m} \qquad (3-2)$$

式中：M 为厚壁圆管弯矩，其符号规定管内壁受拉为正，管外壁受拉为负；r_m 为圆管中径，即圆管平均半径，$r_m = \frac{1}{2}(a+b)$；t 为圆管管壁厚度，$t=b-a$。

以下为受均匀内、外压力作用的厚壁圆管径向截面弯矩计算式的推导过程。

对式（3-1）第 2 式关于截面形心积分，即

$$M = \int_b^a \sigma_\theta \left(r - \frac{a+b}{2}\right)\mathrm{d}r$$

得

$$M = \frac{(p_1 - p_2)a^2 b^2}{b^2 - a^2}\ln\frac{b}{a} - \frac{1}{2}(p_1 - p_2)ab \qquad (3-3)$$

（二）厚壁圆管环向力计算

圆管环向力为

$$N = \int_b^a \sigma_\theta \mathrm{d}r = p_1 a - p_2 b \qquad (3-4)$$

（三）薄壁圆管的应力、内力近似计算

薄壁圆管的特点是"壁薄"，即壁厚与圆管的其他尺寸相比很小，这时可认为径向应力与环向应力沿壁厚是均匀分布的。因此，在忽略薄壁圆管的曲率、剪力和轴力对位移的影响后，可得薄壁圆管任意截面上的内力。据式（3-4）得

$$N = (p_1 - p_2)a - p_2 t \qquad (3-5)$$

由于 $t \ll a$，略去 $p_2 t$，据式（3-2）、式（3-5）可得

$$M = N \frac{\frac{1}{12}t^2}{r_m} = N \frac{\frac{1}{12}t^3}{r_m t} = N \frac{I}{r_m F} = N \frac{i^2}{r_m} \tag{3-6}$$

其中

$$i^2 = \frac{I}{F}$$

式中：F 为单位长度圆管的纵向截面面积；I 为惯性矩。

式（3-6）在本章第五节中将用到，本节予以先行推导给出。

从而，截面上的环向应力为

$$\sigma_\theta = \frac{N}{t} = \frac{(p_1 - p_2)a}{t} - p_2 \tag{3-7}$$

如若外压力 $p_2 = 0$，则得

$$\sigma_\theta = \frac{p_1 a}{t} \tag{3-8}$$

式（3-8）便是大家熟知的材料力学薄壁圆管受均布内压力作用时的环向应力计算表达式。由于环向应力 σ_θ 在截面上均匀分布，于是其对截面形心的弯矩 $M = 0$。

（四）厚壁圆管弯矩的近似计算

取单位长圆管，根据结构力学截面应力呈直线分布的假定，并借助梁的应力计算式来建立厚壁圆管弯矩近似计算式：

$$\sigma_\theta = \frac{N}{F} \pm \frac{M}{W} \tag{3-9}$$

式中：F 为截面面积，$F = t$；W 为抗弯截面模量，$W = t^2/6$。

又据式（3-1）得

$$\left. \begin{array}{l} \sigma_a = \sigma_\theta \Big|_{r=a} = \dfrac{p_1(a^2 + b^2) - 2p_2 b^2}{b^2 - a^2} \\[3mm] \sigma_b = \sigma_\theta \Big|_{r=b} = \dfrac{2p_1 a^2 - p_2(a^2 + b^2)}{b^2 - a^2} \end{array} \right\} \tag{3-10}$$

而截面平均环向力为

$$\overline{N} = \frac{1}{2}(\sigma_a + \sigma_b)t = \frac{(3p_1 - p_2)a^2 + (p_1 - 3p_2)b^2}{2(b^2 - a^2)}t \tag{3-11}$$

将式（3-10）第 2 式及式（3-11）代入式（3-9）并化简整理得

$$M = \frac{1}{12}(p_1 - p_2)t^2 \tag{3-12}$$

此即厚壁圆管弯矩近似计算式。

将式（3-5）、式（3-10）第 2 式代入式（3-9），便可得用圆管平均半径 r_m 表示的厚壁圆管弯矩近似计算式（3-2）。

二、薄壁圆管与厚壁圆管的分类原则

用平均半径 r_m 代替式（3-7）中圆管内半径 a，有

$$\sigma_{\theta, r_m} = \frac{p_1 - p_2}{t} r_m - p_2 \tag{3-13}$$

注意到 $r_m=a+t/2$，$t=b-a$，则由式（3-13）可得

$$\sigma_{\theta,r_m}=\frac{p_1(a+b)-p_2(3b-a)}{2(b-a)} \tag{3-14}$$

式（3-14）通常称为薄壁圆管环向应力中径计算式。

另据式（3-1）第 2 式可得厚壁圆管环向应力最大值：

$$\sigma_{\max\theta}=\sigma_\theta\big|_{r=a}=\frac{p_1(a^2+b^2)-2p_2b^2}{b^2-a^2} \tag{3-15}$$

令 $b=ma$，则式（3-14）、式（3-15）可改写为

$$\sigma_{\theta,r_m}=\frac{(1+m)p_1-(3m-1)p_2}{2(m-1)} \tag{3-16}$$

$$\sigma_{\max\theta}=\frac{(1+m^2)p_1-2p_2m^2}{m^2-1} \tag{3-17}$$

以 $\delta(\sigma_\theta)$ 表示 σ_{θ,r_m} 与 $\sigma_{\max\theta}$ 间的相对误差，据式（3-16）、式（3-17）可得

$$\delta(\sigma_\theta)=\frac{\sigma_{\max\theta}-\sigma_{\theta,r_m}}{\sigma_{\max\theta}}=\frac{(m-1)^2(p_1-p_2)}{2\left[(1+m^2)p_1-2m^2p_2\right]} \tag{3-18}$$

在工程问题中，一般允许应力相对误差小于 α，于是若已知 m，则根据 $\delta(\sigma_\theta)<\alpha$，可求得 p_1 与 p_2 应满足的关系式。

若已知 p_1、p_2，可据 $\delta(\sigma_\theta)<\alpha$ 求出 m 的变化范围。特别的，对仅受内压力 p_1 或外压力 p_2 作用的圆管，可分别得出如下结果。

（一）受均布内压力作用的圆管

由式（3-14）得

$$\sigma_{\theta,r_m}=\frac{p_1(a+b)}{2(b-a)} \tag{3-19}$$

由式（3-15）得

$$\sigma_{\max\theta}=\frac{p_1(a^2+b^2)}{b^2-a^2} \tag{3-20}$$

相应地，式（3-16）、式（3-17）可分别写成

$$\sigma_{\theta,r_m}=\frac{(m+1)p_1}{2(m-1)} \tag{3-21}$$

$$\sigma_{\max\theta}=\frac{(m^2+1)p_1}{m^2-1} \tag{3-22}$$

在工程中，一般允许应力相对误差小于 5%，即有

$$\delta(\sigma_\theta)=\frac{\sigma_{\max\theta}-\sigma_{\theta,r_m}}{\sigma_{\max\theta}}=\frac{(m-1)^2}{2(m^2+1)}<5\%$$

求解得 $m<1.595$。

即当 $b/a<1.595$ 时，采用中径公式计算，所获结果与精确解的相对误差小于 5%。应该说，这在工程实际应用中，适用范围是广泛的。此时，弯矩计算式为

$$M=\frac{m^2a^2p_1}{m^2-1}\ln m-\frac{1}{2}p_1ma^2 \tag{3-23}$$

特别是当 $m=1.1$ 时，$\delta(\sigma_\theta)=0.227\%$；当 $m=1.5$ 时，$\delta(\sigma_\theta)=3.85\%$；当 $m=1.6$ 时，$\delta(\sigma_\theta)=5.06\%$。

如若采用内径公式（3-8）计算仅受均布内压力作用下的薄壁圆管应力，即

$$\sigma_\theta=\frac{p_1 a}{t}=\frac{p_1}{m-1} \qquad (3-24)$$

则相对误差为

$$\delta(\sigma_\theta)=\frac{\sigma_{\max\theta}-\sigma_\theta}{\sigma_{\max\theta}}=\frac{m(m-1)}{m^2+1}<5\%$$

求解得 $m<1.1004$。

即当 $b/a<1.1004$ 时，采用式（3-8）计算薄壁圆管环向应力与按精确解公式所计算应力值相对误差小于 5%；当 $b/a>1.1004$ 时，其相对误差增加较快，必须用厚壁圆管弹性力学精确解的环向应力计算式求算。

（二）受均布外压力作用的圆管

由式（3-14）得 $\sigma_{\theta,r_m}=-\dfrac{(3b-a)p_2}{2(b-a)}$；由式（3-15）得 $\sigma_{\max\theta}=\dfrac{-2p_2 b^2}{b^2-a^2}$。因此，由 $b=ma$ 可分别得

$$\sigma_{\theta,r_m}=-\frac{(3m-1)p_2}{2(m-1)} \qquad (3-25)$$

$$\sigma_{\max\theta}=-\frac{2p_2 m^2}{m^2-1} \qquad (3-26)$$

相对误差为

$$\delta(\sigma_\theta)=\frac{\sigma_{\max\theta}-\sigma_{\theta,r_m}}{\sigma_{\max\theta}}=\frac{(m-1)^2}{4m^2}<5\%$$

求解得 $m<1.8$。

即 $b/a<1.8$。由此可见，在仅受均布外压力作用时，采用中径公式计算，其适用范围较仅受均布内压力作用时更大。

根据式（3-7），仅受均布外压力作用的薄壁圆管环向应力，计算式为

$$\sigma_\theta=-\frac{p_2 b}{t}=-p_2\frac{m}{m-1} \qquad (3-27)$$

又据式（3-15），有

$$\sigma_{\max\theta}=-2p_2\frac{m^2}{m^2-1} \qquad (3-28)$$

相对误差为

$$\delta(\sigma_\theta)=\frac{|\sigma_{\max\theta}-\sigma_\theta|}{|\sigma_{\max\theta}|}=\frac{m-1}{2m}<5\%$$

求解得 $m<1.1$。

可见，适用范围较采用中径公式计算小得多。

综上可知，在工程设计中，若应力计算允许相对误差为 5%，则对仅受均布内压力作用的圆管，当 $b/a<1.5$ 或 $t/D<0.25$ 时，采用薄壁圆管中径公式进行圆管环向应力计

算，满足工程要求。该判别式，即是《灌溉与排水工程设计标准》（GB 50288—2018）推荐的采用薄壁圆管或厚壁圆管进行横向结构内力计算的判别式；而对仅受均布外压力作用的圆管，当 $b/a<1.8$ 或 $t/D<0.4$ 时，采用薄壁圆管中径公式进行圆管环向应力计算，满足工程要求。

第三节　钢筋混凝土坝下涵管抗裂设计壁厚计算

坝下涵管布设于土石坝坝下，穿坝而过。鉴于涵管裂缝漏水易造成坝体细粒土流失，形成坝体与涵管接触面的集中渗流接触冲刷，威胁大坝运行安全。因此，坝下涵管根据其工作状态和重要性，通常需满足抗裂要求，且管身净空尺寸应兼顾检查和维修作业要求，并应避免在管内出现水跃或明满流交替半有压流流态工况。

下面对受均匀内、外压力作用的钢筋混凝土圆管抗裂设计壁厚计算式进行分析、推导。

众所周知，钢筋混凝土结构由钢筋（金属材料）、混凝土（非金属材料）构成，两者的物理力学性能存有很大差别。但两种不同性质的材料能够共同工作、联合承载的基础条件，一是钢筋与混凝土之间有黏结强度，钢筋与混凝土通过黏结力的传力作用，实现共同承载，联合承受当结构构件受荷载作用时两种材料的变形差在黏结界面上产生的作用力（即黏结应力）；二是钢筋与混凝土的线膨胀系数相近，通常不会因为温度、湿度变化等非荷载作用导致两种材料出现过大变形差而耗去两者共同工作时可提供的大部分承载力，或者导致两者间滑脱分离而失去共同工作的基础条件。钢筋与混凝土共同工作原理表明，当钢筋混凝土坝下涵管按抗裂要求设计时，钢筋处于低应力状态下工作，可不计及其对结构的抗裂作用。于是，设 f_{tk} 为混凝土轴心抗拉强度标准值；k_f 为混凝土的抗裂安全系数，可取 $k_f=1.3\sim1.5$。令

$$\sigma_{max\theta}=\frac{f_{tk}}{k_f} \qquad (3-29)$$

于是式（3-15）可改写成

$$\frac{f_{tk}}{k_f}=\frac{p_1(a^2+b^2)-2p_2b^2}{b^2-a^2} \qquad (3-30)$$

注意到 $b=a+t$，代入后，整理得受均匀内、外压力作用钢筋混凝土圆管壁厚计算式：

$$t=a\left(\sqrt{\frac{f_{tk}+k_fp_1}{f_{tk}+2k_fp_2-k_fp_1}}-1\right) \qquad (3-31)$$

特别的，当均匀外压力不计时，$p_2=0$，可得仅受均匀内压力作用钢筋混凝土圆管壁厚计算式：

$$t=a\left(\sqrt{\frac{f_{tk}+k_fp_1}{f_{tk}-k_fp_1}}-1\right) \qquad (3-32)$$

将式（3-32）改写成

$$t=a\left(\sqrt{1+\frac{2k_fp_1}{f_{tk}-k_fp_1}}-1\right) \qquad (3-33)$$

于是对仅受低水头（$p_1 \leqslant 10\text{m}$）均匀内水压力作用的钢筋混凝土圆管，有 $2k_f p_1 \ll f_{tk} - k_f p_1$。展开式（3-33）可得相应的钢筋混凝土圆管壁厚估算式：

$$t = a \frac{k_f p_1}{f_{tk} - k_f p_1} \qquad (3-34)$$

若令

$$\frac{f_{tk}}{k_f} = [\sigma_{c\theta}]$$

式中：$[\sigma_{c\theta}]$ 为混凝土容许拉应力。

则式（3-31）、式（3-33）、式（3-34）可分别改写为

$$t = a \left(\sqrt{\frac{[\sigma_{c\theta}] + p_1}{[\sigma_{c\theta}] + 2p_2 - p_1}} - 1 \right) \qquad (3-35)$$

$$t = a \left(\sqrt{1 + \frac{2p_1}{[\sigma_{c\theta}] - p_1}} - 1 \right) \qquad (3-36)$$

$$t = a \frac{p_1}{[\sigma_{c\theta}] - p_1} \qquad (3-37)$$

第四节　圆形坝下涵管横向结构内力计算与抗裂验算[12]

坝下涵管结构设计首先应进行承载能力极限状态计算；此外，坝下涵管不允许出现裂缝，以免危害大坝安全，需满足抗裂要求[12-13]，即需进行正常使用极限状态验算，而这显然是坝下涵管结构设计的技术关键问题。

有必要指出，目前坝下涵管横向结构内力与变位计算是按独立构件进行分析计算，计算理论与计算模型均欠合理。本节考虑坝下涵管结构与涵管周边土压力的相互作用，建立了弹性圆弧曲梁在荷载作用下的控制微分方程，给出了坝下涵管结构内力与变位计算及抗裂验算解析法及其相应解析计算式，所获成果具工程实际应用意义。

一、弹性地基圆弧曲梁控制微分方程

坝下涵管承受竖向荷载 q_V、水平侧向荷载 $q_H(\theta)$（q_{H1}、q_{H2} 分别为涵管顶、底的水平侧向荷载）、自重 G 和外水压力 $p_0(\theta)$ 等主动荷载与土体弹性抗力被动荷载的作用（图3-2）。其最不利计算工况是涵管内无水检修期荷载组合。

坝下涵管弧段，可视作弹性地基圆弧曲梁。涵管结构、荷载关于 CD 直线对称。设圆心为坐标原点，管壁厚 $h = r_1 - r_0$；断面中心半径为 $r_i = 0.5(r_0 + r_1)$，H 为顶部水头，γ_w 为水的容重，混凝土容重为 γ_c、弹性模量为 E_c，断面面积为 F，惯性矩为 I_0。截取微分单元 $r_i d\theta$，其中径向位移为 $W(\theta)$，切向位移为 $V(\theta)$，K 为涵管周边土体抗力系数，涵管与土体间的剪应力为 τ，断面的弯矩为 $M(\theta)$，剪力为 $Q(\theta)$，轴力为 $N(\theta)$，曲梁截面角位移为 $\phi(\theta)$（图3-3）。上述各力与夹角 θ 均以图示方向为正。

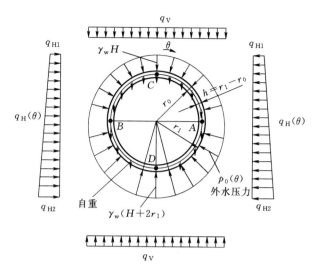

图 3-2 圆形坝下涵管计算简图

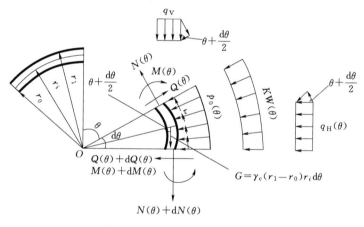

图 3-3 微分单元受力示意图

列出微段的静力平衡方程 $\sum F_r = 0$（沿 $\theta + \frac{1}{2}d\theta$ 径向的力平衡方程）、$\sum F_\theta = 0$（沿 $\theta + \frac{1}{2}d\theta$ 切线方向的力平衡方程）、$\sum M_O = 0$（对原点 O 的力矩方程），略去二阶微量后有[12]

$$dQ(\theta) + N(\theta)d\theta + KW(\theta)r_1 d\theta + q_V r_1 \cos^2\theta d\theta + q_H(\theta)r_1 \sin^2\theta d\theta$$
$$+ \gamma_c(r_1 - r_0)r_i \cos\theta d\theta + P_0(\theta)r_1 d\theta = 0 \tag{3-38}$$

$$dN(\theta) - Q(\theta)d\theta - \tau r_1 d\theta + \frac{1}{2}[q_V - q_H(\theta)]r_1 \sin 2\theta + \gamma_c(r_1 - r_0)r_i \sin\theta d\theta = 0 \tag{3-39}$$

$$dM(\theta) + \tau r_1^2 d\theta - r_i dN(\theta) - \gamma_c(r_1 - r_0)r_i^2 \sin\theta d\theta - \frac{1}{2}q_V r_i^2 \sin 2\theta d\theta + \frac{1}{2}q_H(\theta)r_i^2 \sin 2\theta d\theta = 0 \tag{3-40}$$

令 $\eta_0 = \dfrac{r_0}{r_i}$，$\eta_1 = \dfrac{r_1}{r_i}$，式（3-38）～式（3-43）可改写为

$$\frac{dQ(\theta)}{d\theta} + N(\theta) + KW(\theta)\eta_1 r_i + q_V \eta_1 r_i \cos^2\theta + q_H(\theta)\eta_1 r_i \sin^2\theta$$

$$+ \gamma_c r_i^2 (\eta_1 - \eta_0)\cos\theta + \eta_1 p_0(\theta) r_i = 0 \qquad (3-41)$$

$$\frac{dN(\theta)}{d\theta} = Q(\theta) + \tau \eta_1 r_i - \frac{1}{2}[q_V - q_H(\theta)]\eta_1 r_i \sin 2\theta - \gamma_c(\eta_1 - \eta_0)r_i^2 \sin\theta \qquad (3-42)$$

$$\frac{dM(\theta)}{d\theta} = r_i \frac{dN(\theta)}{d\theta} - \tau \eta_1^2 r_i^2 + \gamma_c(\eta_1 - \eta_0)r_i^3 \sin\theta + \frac{1}{2}[q_V - q_H(\theta)]\eta_1^2 r_i^2 \sin 2\theta \qquad (3-43)$$

对式 (3-43) 从 0 到 θ 积分，并注意到

$$q_H(\theta) = \frac{1}{2}(q_{H1} + q_{H2}) - \frac{1}{2}(q_{H2} - q_{H1})\cos\theta \qquad (3-44)$$

整理得

$$N(\theta) = \frac{M(\theta)}{r_i} - \frac{1}{r_i}(M_0 - N_0 r_i) + \tau \eta_1^2 r_i \theta - \frac{1}{2}\eta_1^2 r_i q_V \sin^2\theta + \frac{1}{4}\eta_1^2 r_i(q_{H1} + q_{H2})\sin^2\theta$$

$$+ \frac{1}{6}\eta_1^2 r_i(q_{H2} - q_{H1})(\cos^3\theta - 1) - \gamma_c(\eta_1 - \eta_0)r_i^2(1 - \cos\theta) \qquad (3-45)$$

式中：$M_0 = M(\theta)|_{\theta=0}$，$N_0 = N(\theta)|_{\theta=0}$。

又由结构力学知，径向位移与截面内力间有关系式：

$$\frac{d^2W(\theta)}{d\theta^2} + W(\theta) = \frac{M(\theta)r_i^2}{E_c I} + \frac{N(\theta)r_i}{E_c F} \qquad (3-46)$$

有必要指出，式 (3-46) 的表达形式，应与图 3-3 所示 $M(\theta)$、$N(\theta)$ 的内力方向约定相适配。

据式 (3-41)～式 (3-46) 推求出 $\dfrac{d^2M(\theta)}{d\theta^2}$、$\dfrac{d^2N(\theta)}{d\theta^2}$ 表达式，便可导出径向位移 $W(\theta)$ 应满足的控制微分方程：

$$\frac{d^4W(\theta)}{d\theta^4} + 2\frac{d^2W(\theta)}{d\theta^2} + m^2 W(\theta) = \frac{r_i^2}{E_c I}\left[(M_0 - N_0 r_i) + \gamma_c(\eta_1 - \eta_0)r_i^3 + \frac{1}{4}q_V \eta_1^2 r_i^2\right.$$

$$+ \frac{1}{6}\eta_1^2 r_i^2(q_{H2} - q_{H1}) - \frac{1}{8}\eta_1^2 r_i^2(q_{H1} + q_{H2})\bigg]$$

$$+ \frac{r_i^2}{E_c I}\left[\frac{3}{4}\eta_1^2 r_i^2\left(q_V - \frac{q_{H1} + q_{H2}}{2}\right)\cos 2\theta\right.$$

$$+ \frac{1}{3}\eta_1^2 r_i^2(q_{H2} - q_{H1})\cos 3\theta - \tau \eta_1^2 r_i^2 \theta\bigg]$$

$$- \left(\frac{r_i^2}{E_c I} + \frac{1}{E_c F}\right)\left\{\eta_1 r_i^2\left[\gamma_w(H + \eta_1 r_i)\right.\right.$$

$$+ \frac{1}{2}q_V + \frac{1}{4}(q_{H1} + q_{H2})\bigg] + [2\gamma_c(\eta_1 - \eta_0)r_i^3 - \gamma_w \eta_1^2 r_i^3]\cos\theta$$

$$+ \frac{3}{2}\eta_1 r_i^2\left[q_V - \frac{1}{2}(q_{H1} + q_{H2})\right]\cos 2\theta$$

$$+ \frac{1}{2}\eta_1 r_i^2(q_{H2} - q_{H1})\cos 3\theta\bigg\} \qquad (3-47)$$

其中 $m^2=1+k\eta_1 r_i^2\left(\dfrac{r_i^2}{E_c I}+\dfrac{1}{E_c F}\right)$，若不计坝下涵管周边土体抗力，则 $m^2=1$。

二、弹性地基圆弧曲梁内力与变位计算

控制微分方程式（3-47）的解由特解 $W_0(\theta)$ 与基本解 $W_1(\theta)$ 组成[12]，即

$$W(\theta)=W_0(\theta)+W_1(\theta) \tag{3-48}$$

利用微分方程算子法可求出其特解：

$$
\begin{aligned}
W_0(\theta)=&\frac{r_i^2}{E_c I}\left[\frac{1}{m^2}(M_0-N_0 r_i+e_M-\tau\eta_1^2 r_i^2\theta)\right]-\left(\frac{r_i^2}{E_c I}+\frac{1}{E_c F}\right)g_M \\
&-\left(\frac{r_i^2}{E_c I}+\frac{1}{E_c F}\right)\frac{1}{m^2-1}\left[2\gamma_c(\eta_1-\eta_0)-\gamma_w\eta_1^2\right]\cdot r_i^3\cos\theta-\left[\left(1-\frac{1}{2}\eta_1\right)\frac{r_i^2}{E_c I}+\frac{1}{E_c F}\right] \\
&\cdot\frac{1}{m^2+8}\cdot\frac{3}{2}\eta_1 r_i^2\left(q_V-\frac{q_{H1}+q_{H2}}{2}\right)\cos 2\theta-\left[\left(\frac{1}{2}-\frac{1}{3}\eta_1\right)\frac{r_i^2}{E_c I}+\frac{1}{2E_c F}\right] \\
&\cdot\frac{1}{m^2+63}\eta_1 r_i^2(q_{H2}-q_{H1})\cos 3\theta
\end{aligned}
\tag{3-49}
$$

其中　$e_M=\gamma_c(\eta_1-\eta_0)r_i^3+\dfrac{1}{4}q_V\eta_1^2 r_i^2+\dfrac{1}{6}\eta_1^2 r_i^2(q_{H2}-q_{H1})-\dfrac{1}{8}\eta_1^2 r_i^2(q_{H1}+q_{H2})$

$$g_M=\frac{r_i^2}{m^2}\left[\gamma_w\eta_1(H+\eta_1 r_i)+\frac{1}{2}q_V\eta_1+\frac{1}{4}\eta_1(q_{H1}+q_{H2})\right]$$

基本解 $W_1(\theta)$ 可由下列特征方程确定：

$$\lambda^4+2\lambda^2+m^2=0 \tag{3-50}$$

求解式（3-50）得

$$\left.\begin{aligned}\lambda_{1,2}&=\alpha\pm i\beta\\\lambda_{3,4}&=-\alpha\pm i\beta\end{aligned}\right\} \tag{3-51}$$

于是控制微分方程式（3-47）的基本解为

$$W_1(\theta)=e^{-\alpha\theta}(c_1\cos\beta\theta+c_2\sin\beta\theta)+e^{\alpha\theta}(c_3\cos\beta\theta+c_4\sin\beta\theta) \tag{3-52}$$

其中　　　　　　　　　　$\alpha=\sqrt{\dfrac{m-1}{2}}\quad\beta=\sqrt{\dfrac{m+1}{2}}$

式中：c_1、c_2、c_3、c_4 为积分常数。

据式（3-48）、式（3-49）、式（3-52）可得弹性地基曲梁截面角位移：

$$
\begin{aligned}
\phi(\theta)=&\frac{dW(\theta)}{ds}=\frac{1}{r_i}\frac{dW(\theta)}{d\theta}=\frac{2(c_1\alpha-c_2\beta)}{r_i}\cos\beta\theta\cdot\text{sh}\alpha\theta-\frac{2(c_2+c_1\beta)}{r_i}\sin\beta\theta\cdot\text{ch}\alpha\theta \\
&+\left(\frac{r_i^2}{E_c I}+\frac{1}{E_c F}\right)r_i^2\frac{2\gamma_c(\eta_1-\eta_0)-\gamma_w\eta_1^2}{m^2-1}\sin\theta+\frac{3\eta_1 r_i}{m^2+8}\left(q_V-\frac{q_{H1}+q_{H2}}{2}\right)\left[\left(1-\frac{\eta_1}{2}\right)\frac{r_i^2}{E_c I}\right. \\
&\left.+\frac{1}{E_c F}\right]\sin 2\theta+\frac{\eta_1 r_i}{m^2+63}(q_{H2}-q_{H1})\left[\left(\frac{3}{2}-\eta_1\right)\frac{r_i^2}{E_c I}+\frac{1}{E_c F}\right]\sin 3\theta
\end{aligned}
\tag{3-53}
$$

当坝下涵管未出现裂缝时，据对称性 $W(\theta)=W(-\theta)$ 对任意 θ 均成立，可得 $c_1=c_3$，$c_2=-c_4$，$\tau=0$；又由 $W(\theta)|_{\theta=0}=W(\theta)|_{\theta=2\pi}$ 与 $\phi(\theta)|_{\theta=\pi}=0$，得 $c_1=0$，$c_2=0$。于是式（3-48）可改写成[12]

$$W(\theta) = W_0(\theta) = \frac{r_i^2}{E_c I}\left[\frac{1}{m^2}(M_0 - N_0 r_i + e_M)\right]$$

$$- \left(\frac{r_i^2}{E_c I} + \frac{1}{E_c F}\right)g_M - \left(\frac{r_i^2}{E_c I} + \frac{1}{E_c F}\right)\frac{1}{m^2-1}\left[2\gamma_c(\eta_1 - \eta_0) - \gamma_w \eta_1^2\right] \cdot r_i^3 \cos\theta$$

$$- \left[\left(1 - \frac{1}{2}\eta_1\right)\frac{r_i^2}{E_c I} + \frac{1}{E_c F}\right]\frac{1}{m^2+8} \cdot \frac{3}{2}\eta_1 r_i^2\left(q_V - \frac{q_{H1}+q_{H2}}{2}\right)\cos 2\theta$$

$$- \left[\left(\frac{1}{2} - \frac{1}{3}\eta_1\right)\frac{r_i^2}{E_c I} + \frac{1}{2E_c F}\right]\frac{1}{m^2+63}\eta_1 r_i^2(q_{H2}-q_{H1})\cos 3\theta \qquad (3-54)$$

由式（3-41）～式（3-46）、式（3-54）可推导出弹性地基曲梁内力与角位移 $\phi(\theta)$ 表达式分别为

$$M(\theta) = \frac{E_c I}{r_i^2}\left[\frac{\mathrm{d}^2 W(\theta)}{\mathrm{d}\theta^2} + W(\theta) - \frac{N(\theta)r_i}{E_c F}\right] = \frac{1}{\dfrac{r_i^2}{E_c I} + \dfrac{1}{E_c F}}\left\{\frac{\mathrm{d}^2 W(\theta)}{\mathrm{d}\theta^2} + W(\theta) + \frac{M_0 - N_0 r_i}{E_c F}\right.$$

$$+ \frac{1}{E_c F}\left[\frac{1}{2}\eta_1^2 r_i^2 q_V \sin^2\theta - \frac{1}{4}\eta_1^2 r_i^2(q_{H1}+q_{H2})\sin^2\theta - \frac{1}{6}\eta_1^2 r_i^2(q_{H2}-q_{H1})(\cos^3\theta - 1)\right.$$

$$\left.\left. + \gamma_c(\eta_1 - \eta_0) \cdot r_i^3(1-\cos\theta)\right]\right\} = (1 - b_M)(M_0 - N_0 r_i + e_M)$$

$$- \left[(1 - c_M)\eta_1 - \frac{18}{m^2+8}\right]\frac{1}{4}\eta_1 r_i^2\left(q_V - \frac{q_{H1}+q_{H2}}{2}\right) \cdot \cos 2\theta - \left[(1 - d_M)\eta_1 - \frac{96}{m^2+63}\right]$$

$$\cdot \frac{1}{24}\eta_1 r_i^2(q_{H2}-q_{H1})\cos 3\theta - f_M \cos\theta - g_M \qquad (3-55)$$

$$N(\theta) = N_0 + \frac{1}{r_i}[M(\theta) - M_0] - \frac{1}{2}\eta_1^2 r_i q_V \sin^2\theta + \frac{1}{4}\eta_1^2 r_i(q_{H1}+q_{H2})\sin^2\theta$$

$$+ \frac{1}{6}\eta_1^2 r_i(q_{H2}-q_{H1}) \cdot (\cos^3\theta - 1) - \gamma_c(\eta_1 - \eta_0)r_i^2(1-\cos\theta)$$

$$= -b_M\left[\left(\frac{M_0}{r_i} - N_0\right) + \frac{e_M}{r_i}\right] + \left(\eta_1 c_M + \frac{18}{m^2+8}\right)\left(q_V - \frac{q_{H1}+q_{H2}}{2}\right)\frac{1}{4}\eta_1 r_i \cos 2\theta$$

$$+ \left(\eta_1 d_M + \frac{96}{m^2+63}\right)\frac{1}{24}\eta_1 r_i(q_{H2}-q_{H1})\cos 3\theta + \frac{F}{I}r_i f_M \cos\theta - \frac{g_M}{r_i} \qquad (3-56)$$

$$Q(\theta) = \frac{\mathrm{d}M(\theta)}{r_i \mathrm{d}\theta} - \frac{1}{2}\left[q_V - q_H(\theta)\right]r_i \eta_1(\eta_1 - 1)\sin 2\theta$$

$$= \left[(1 - c_M \eta_1) - \frac{18}{m^2+8}\right]\left(q_V - \frac{q_{H1}+q_{H2}}{2}\right)\frac{1}{2}\eta_1 r_i \sin 2\theta - \frac{1}{8}\eta_1(\eta_1 - 1)r_i(q_{H2}-q_{H1})$$

$$\cdot \sin\theta + \left[(1 - d_M \eta_1) - \frac{96}{m^2+63}\right]\frac{1}{8}\eta_1 r_i(q_{H2}-q_{H1})\sin 3\theta + \frac{f_M}{r_i}\sin\theta \qquad (3-57)$$

$$\phi(\theta) = \left(\frac{r_i^2}{E_c I} + \frac{1}{E_c F}\right) \cdot r_i^2 \frac{2\gamma_c(\eta_1 - \eta_0) - \gamma_w \eta_1^2}{m^2-1}\sin\theta + \frac{3\eta_1 r_i}{m^2+8}\left(q_V - \frac{q_{H1}+q_{H2}}{2}\right)$$

$$\cdot \left[\left(1 - \frac{\eta_1}{2}\right)\frac{r_i^2}{E_c I} + \frac{1}{E_c F}\right]\sin 2\theta + \frac{\eta_1 r_i}{m^2+63}(q_{H2}-q_{H1})\left[\left(\frac{3}{2} - \eta_1\right)\frac{r_i^2}{E_c I} + \frac{1}{E_c F}\right]\sin 3\theta$$

$$(3-58)$$

其中

$$b_M = \frac{1}{\dfrac{r_i^2}{E_c I} + \dfrac{1}{E_c F}} \cdot \frac{(m^2-1)r_i^2}{E_c I m^2}$$

$$c_M = \frac{1}{\dfrac{r_i^2}{E_c I} + \dfrac{1}{E_c F}} \cdot \frac{(m^2-1)r_i^2}{E_c I (m^2+8)}$$

$$d_M = \frac{1}{\dfrac{r_i^2}{E_c I} + \dfrac{1}{E_c F}} \cdot \frac{(m^2-1)r_i^2}{E_c I (m^2+63)}$$

$$f_M = \frac{1}{\dfrac{r_i^2}{E_c I} + \dfrac{1}{E_c F}} \cdot \frac{1}{E_c F}\left[\frac{1}{8}\eta_1^2(q_{H2}-q_{H1}) + \gamma_c(\eta_1-\eta_0)r_i\right]r_i^2$$

忽略轴向力产生的切向应变 ε_θ，由弹性理论及坝下涵管的对称性，有[12]

$$\varepsilon_\theta = \frac{1}{r_i}\left[W(\theta) + \frac{dV(\theta)}{d\theta}\right] = 0 \tag{3-59}$$

据式（3-59）得切向位移：

$$V(\theta) = -\int W(\theta)d\theta + c \tag{3-60}$$

式中：c 为积分常数。

将式（3-54）代入式（3-60），并利用 $V(\theta)|_{\theta=0}=0$ 确定积分常数 c，可得

$$V(\theta) = -\frac{r_i^2}{E_c I}\left[\frac{1}{m^2}(M_0 - N_0 r_i + e_M)\theta\right] + \left(\frac{r_i^2}{E_c I} + \frac{1}{E_c F}\right)g_M \theta + \left(\frac{r_i^2}{E_c I} + \frac{1}{E_c F}\right)\frac{1}{m^2-1}$$

$$\cdot \left[2\gamma_c(\eta_1-\eta_0) - \gamma_w\eta_1^2\right] \cdot r_i^3 \sin\theta + \left[\left(1 - \frac{1}{2}\eta_1\right)\frac{r_i^2}{E_c I} + \frac{1}{E_c F}\right]\frac{1}{m^2+8} \cdot \frac{3}{4}\eta_1 r_i^2\left(q_V - \frac{q_{H1}+q_{H2}}{2}\right)$$

$$\cdot \sin 2\theta + \left[\left(\frac{1}{2} - \frac{1}{3}\eta_1\right)\frac{r_i^2}{E_c I} + \frac{1}{2E_c F}\right]\frac{1}{m^2+63} \cdot \frac{1}{3}\eta_1 r_i^2(q_{H2}-q_{H1})\sin 3\theta \tag{3-61}$$

三、坝下涵管结构内力与变位解析计算式及抗裂验算

将 $W_0 = W(\theta)|_{\theta=0}$，$M_0 = M(\theta)|_{\theta=0}$，$V(\theta)|_{\theta=\pi}=0$ 代入式（3-54）、式（3-55）、式（3-61），联立求解得

$$\left.\begin{aligned} \frac{r_i^2}{E_c I m^2}(M_0 - N_0 r_i + e_M) &= \left(\frac{r_i^2}{E_c I} + \frac{1}{E_c F}\right)g_M \\ W_0 &= \left(\frac{r_i^2}{E_c I} + \frac{1}{E_c F}\right)g_M - \frac{r_i^2}{E_c I m^2}e_M + A_M \\ M_0 &= (1-b_M)\left[m^2\left(1 + \frac{1}{F r_i^2}\right)g_M - e_M\right] - B_M \\ N_0 &= \frac{1}{r_i}\left[b_M e_M - m^2 b_M\left(1 + \frac{1}{F r_i^2}\right)g_M - B_M\right] \end{aligned}\right\} \tag{3-62}$$

其中

$$A_{\mathrm{M}} = \frac{r_i^2}{E_{\mathrm{c}}I}\left\{\frac{e_{\mathrm{M}}}{m^2} - \left(\frac{r_i^2}{E_{\mathrm{c}}I} + \frac{1}{E_{\mathrm{c}}F}\right)g_{\mathrm{M}} - \left(\frac{r_i^2}{E_{\mathrm{c}}I} + \frac{1}{E_{\mathrm{c}}F}\right)\frac{1}{m^2-1}\left[2\gamma_{\mathrm{c}}(\eta_1-\eta_0) - \gamma_{\mathrm{w}}\eta_1^2\right]r_i^3 \right.$$

$$- \left[\left(1-\frac{1}{2}\eta_1\right)\frac{r_i^2}{E_{\mathrm{c}}I} + \frac{1}{E_{\mathrm{c}}F}\right]\frac{1}{m^2+8} \cdot \frac{3}{2}\eta_1 r_i^2\left(q_{\mathrm{V}} - \frac{q_{\mathrm{H1}}+q_{\mathrm{H2}}}{2}\right)$$

$$\left. - \left[\left(\frac{1}{2}-\frac{1}{3}\eta_1\right)\frac{r_i^2}{E_{\mathrm{c}}I} + \frac{1}{2E_{\mathrm{c}}F}\right] \cdot \frac{1}{m^2+63}\eta_1 r_i^2(q_{\mathrm{H2}}-q_{\mathrm{H1}})\right\}$$

$$B_{\mathrm{M}} = -(1-b_{\mathrm{M}})e_{\mathrm{M}} - \left[(1-c_{\mathrm{M}})\eta_1 - \frac{18}{m^2+8}\right]\left(q_{\mathrm{V}} - \frac{q_{\mathrm{H1}}+q_{\mathrm{H2}}}{2}\right)\frac{1}{4}\eta_1 r_i^2$$

$$+ \left[(1-d_{\mathrm{M}})\eta_1 - \frac{96}{m^2+63}\right]\frac{1}{24}\eta_1 r_i^2(q_{\mathrm{H2}}-q_{\mathrm{H1}}) + f_{\mathrm{M}} + g_{\mathrm{M}}$$

将式（3-62）代入式（3-54）～式（3-58）和式（3-61），可得圆形坝下涵管内力与变位解析计算式：

$$W(\theta) = -\left(\frac{r_i^2}{E_{\mathrm{c}}I} + \frac{1}{E_{\mathrm{c}}F}\right)\frac{1}{m^2-1}\left[2\gamma_{\mathrm{c}}(\eta_1-\eta_0) - \gamma_{\mathrm{w}}\eta_1^2\right] \cdot r_i^3\cos\theta$$

$$- \left[\left(1-\frac{1}{2}\eta_1\right)\frac{r_i^2}{E_{\mathrm{c}}I} + \frac{1}{E_{\mathrm{c}}F}\right] \cdot \frac{1}{m^2+8} \cdot \frac{3}{2}\eta_1 r_i^2\left(q_{\mathrm{V}} - \frac{q_{\mathrm{H1}}+q_{\mathrm{H2}}}{2}\right)\cos2\theta$$

$$- \left[\left(\frac{1}{2}-\frac{1}{3}\eta_1\right)\frac{r_i^2}{E_{\mathrm{c}}I} + \frac{1}{2E_{\mathrm{c}}F}\right]\frac{1}{m^2+63}\eta_1 r_i^2(q_{\mathrm{H2}}-q_{\mathrm{H1}})\cos3\theta \qquad (3-63)$$

$$\phi(\theta) = \left(\frac{r_i^2}{E_{\mathrm{c}}I} + \frac{1}{E_{\mathrm{c}}F}\right)r_i^2\frac{2\gamma_{\mathrm{c}}(\eta_1-\eta_0) - \gamma_{\mathrm{w}}\eta_1^2}{m^2-1}\sin\theta + \frac{3\eta_1 r_i}{m^2+8}\left(q_{\mathrm{V}} - \frac{q_{\mathrm{H1}}+q_{\mathrm{H2}}}{2}\right)$$

$$\cdot \left[\left(1-\frac{\eta_1}{2}\right)\frac{r_i^2}{E_{\mathrm{c}}I} + \frac{1}{E_{\mathrm{c}}F}\right]\sin2\theta + \frac{\eta_1 r_i}{m^2+63}(q_{\mathrm{H2}}-q_{\mathrm{H1}})\left[\left(\frac{3}{2}-\eta_1\right)\frac{r_i^2}{E_{\mathrm{c}}I} + \frac{1}{E_{\mathrm{c}}F}\right]\sin3\theta$$

$$(3-64)$$

$$V(\theta) = \left(\frac{r_i^2}{E_{\mathrm{c}}I} + \frac{1}{E_{\mathrm{c}}F}\right)\frac{1}{m^2-1}\left[2\gamma_{\mathrm{c}}(\eta_1-\eta_0) - \gamma_{\mathrm{w}}\eta_1^2\right] \cdot r_i^3\sin\theta$$

$$+ \left[\left(1-\frac{1}{2}\eta_1\right)\frac{r_i^2}{E_{\mathrm{c}}I} + \frac{1}{E_{\mathrm{c}}F}\right]\frac{1}{m^2+8} \cdot \frac{3}{4}\eta_1 r_i^2\left(q_{\mathrm{V}} - \frac{q_{\mathrm{H1}}+q_{\mathrm{H2}}}{2}\right)\sin2\theta$$

$$+ \left[\left(\frac{1}{2}-\frac{1}{3}\eta_1\right)\frac{r_i^2}{E_{\mathrm{c}}I} + \frac{1}{2E_{\mathrm{c}}F}\right]\frac{1}{m^2+63} \cdot \frac{1}{3}\eta_1 r_i^2(q_{\mathrm{H2}}-q_{\mathrm{H1}})\sin3\theta \qquad (3-65)$$

$$M(\theta) = \left[m^2(1-b_{\mathrm{M}})\left(1+\frac{I}{Fr_i^2}\right) - 1\right]g_{\mathrm{M}} - f_{\mathrm{M}}\cos\theta - \left[(1-c_{\mathrm{M}})\eta_1 - \frac{18}{m^2+8}\right]$$

$$\cdot \left(q_{\mathrm{V}} - \frac{q_{\mathrm{H1}}+q_{\mathrm{H2}}}{2}\right)\frac{1}{4}\eta_1 r_i^2\cos2\theta - \left[(1-d_{\mathrm{M}})\eta_1 - \frac{96}{m^2+63}\right]\frac{1}{24}\eta_1 r_i^2(q_{\mathrm{H2}}-q_{\mathrm{H1}})\cos3\theta$$

$$(3-66)$$

$$N(\theta) = -\frac{1}{r_i}\left[m^2 b_{\mathrm{M}}\left(1+\frac{I}{Fr_i^2}\right) + 1\right]g_{\mathrm{M}} + \frac{F}{I}r_i f_{\mathrm{M}}\cos\theta + \left(\eta_1 c_{\mathrm{M}} + \frac{18}{m^2+8}\right)$$

$$\cdot \left(q_{\mathrm{V}} - \frac{q_{\mathrm{H1}}+q_{\mathrm{H2}}}{2}\right)\frac{1}{4}\eta_1 r_i\cos2\theta + \left(\eta_1 d_{\mathrm{M}} + \frac{96}{m^2+63}\right)\frac{1}{24}\eta_1 r_i(q_{\mathrm{H2}}-q_{\mathrm{H1}})\cos3\theta$$

$$(3-67)$$

$$Q(\theta) = \frac{f_{\mathrm{M}}}{r_i}\sin\theta - \frac{1}{8}\eta_1(\eta_1-1)r_i(q_{\mathrm{H2}}-q_{\mathrm{H1}})\sin\theta + \left[(1-c_{\mathrm{M}}\eta_1) - \frac{18}{m^2+8}\right]$$

$$\cdot\left(q_{\mathrm{V}} - \frac{q_{\mathrm{H1}}+q_{\mathrm{H2}}}{2}\right)\frac{1}{2}\eta_1 r_i\sin2\theta + \left[(1-d_{\mathrm{M}}\eta_1) - \frac{96}{m^2+63}\right]\frac{1}{8}\eta_1 r_i(q_{\mathrm{H2}}-q_{\mathrm{H1}})\sin3\theta$$

$$(3-68)$$

坝下涵管在外压荷载作用下，内缘、外缘的切向应力 $\sigma_\theta^{\mathrm{内}}$、$\sigma_\theta^{\mathrm{外}}$ 的计算式分别为[12]

$$\sigma_\theta^{\mathrm{内}} = \frac{N(\theta)}{F} + \frac{(r_i-r_0)}{I}M(\theta) \tag{3-69a}$$

$$\sigma_\theta^{\mathrm{外}} = \frac{N(\theta)}{F} + \frac{(r_i-r_1)}{I}M(\theta) \tag{3-69b}$$

据 r_0、r_1、r_i 间的关系，式（3-69a）、式（3-69b）可合并写成

$$\sigma_\theta = \frac{N(\theta)}{F} \pm \frac{r_i(\eta_1-\eta_0)}{2I}M(\theta) \tag{3-69}$$

将式（3-55）、式（3-56）代入式（3-69），整理得

$$\sigma_\theta = -B(M_0 - N_0 r_i + e_{\mathrm{M}}) + \frac{1}{4}C\eta_1 r_i\left(q_{\mathrm{V}} - \frac{q_{\mathrm{H1}}+q_{\mathrm{H2}}}{2}\right)\cos2\theta$$

$$+ \frac{1}{24}D\eta_1 r_i(q_{\mathrm{H2}}-q_{\mathrm{H1}})\cos3\theta + E \tag{3-70}$$

其中

$$B = \frac{b_{\mathrm{M}}}{Fr_i} \mp \frac{r_i(\eta_1-\eta_0)(1-b_{\mathrm{M}})}{2I}$$

$$C = \frac{1}{F}\left(\eta_1 c_{\mathrm{M}} + \frac{18}{m^2+8}\right) \mp \frac{r_i^2(\eta_1-\eta_0)}{2I}\left[(1-c_{\mathrm{M}})\eta_1 - \frac{18}{m^2+8}\right]$$

$$D = \frac{1}{F}\left(\eta_1 d_{\mathrm{M}} + \frac{96}{m^2+63}\right) \mp \frac{r_i^2(\eta_1-\eta_0)}{2I}\left[(1-d_{\mathrm{M}})\eta_1 - \frac{96}{m^2+63}\right]$$

$$E = \frac{1}{I}r_i f_{\mathrm{M}}\left(1 \mp \frac{\eta_1-\eta_0}{2}\right) - g_{\mathrm{M}}\left[\frac{1}{Fr_i} \pm \frac{r_i(\eta_1-\eta_0)}{2I}\right]$$

为求 σ_θ 的极值点，令 $\dfrac{\mathrm{d}\sigma_\theta}{\mathrm{d}\theta}=0$，得

$$\sin\theta = 0 \tag{3-71}$$

或

$$4D(q_{\mathrm{H2}}-q_{\mathrm{H1}})\cos^2\theta + 8C\left(q_{\mathrm{V}} - \frac{q_{\mathrm{H1}}+q_{\mathrm{H2}}}{2}\right)\cos\theta - D(q_{\mathrm{H2}}-q_{\mathrm{H1}}) = 0 \tag{3-72}$$

将求解式（3-71）、式（3-72）所得 θ 值代入式（3-70），即可得到坝下涵管切向应力极大值，将其与混凝土轴心抗拉强度标准值 f_{tk} 进行比较，便可判定坝下涵管是否满足抗裂要求。

【例题 3-1】 钢筋混凝土圆管结构，$r_0=1.25\mathrm{m}$，$r_1=1.45\mathrm{m}$，$E_{\mathrm{c}}=2.55\times10^7\mathrm{kPa}$，$r_{\mathrm{c}}=24.53\mathrm{kN/m^3}$，$\gamma_{\mathrm{w}}=9.81\mathrm{kN/m^3}$，$q_{\mathrm{V}}=333.43\mathrm{kN/m}$，$H=10\mathrm{m}$，$k=1.96\times10^4\mathrm{kN/m^3}$。

解： $r_i=1.35\mathrm{m}$，$\eta_1=1.074074074$，$\eta_0=0.925925925$，$F=0.2\mathrm{m^2}$，$I=$

$6.666666667 \times 10^{-4} \mathrm{m}^4$，$m^2 = 5.1451$，$\alpha = 0.7963$，$\beta = 1.2783$。

计算 b_M、c_M、d_M、g_M、f_M 值，据式（3-66）～式（3-68）得圆管内力计算式，将所计算点位的角度值代入，可得圆管各极值点内力值（表 3-1）。

表 3-1　　　　　　　　　　　　　　圆管结构内力计算结果表

内力	计算点位的角度 θ				
	$0°$	$45°$	$90°$	$135°$	$180°$
$M/(\mathrm{kN \cdot m})$	-102.36	0.99	104.34	1.01	-102.33
N/kN	-191.63	-399.93	-610.97	-409.28	-204.85
Q/kN	0	-126.66	0.01	126.68	0

利用式（3-63）～式（3-65）可计算出圆管各点变位值；利用式（3-70）计算参数 B、C、D、E 值，代入式（3-71）、式（3-72），可求算出圆管切向应力极大值相应点位的角度值；再将所得极值点的角度 θ 值代入式（3-70），即可得出切向应力极大值 $\sigma_{\max\theta}$，进而将其与混凝土轴心抗拉强度 f_{tk} 相比较，便可判别圆管是否出现裂缝，具体计算不予赘述。

第五节　压力圆形钢筋混凝土坝下涵管的横向限裂验算

压力圆形钢筋混凝土坝下涵管结构设计，应首先进行承载能力极限状态计算，以保证结构构件安全可靠；此外，还需进行正常使用极限状态验算，以保证结构构件的适用性、美观和设计使用期限内的耐久性。正常使用极限状态验算通常包括抗裂验算或裂缝开展宽度验算及变形验算。上节已述及圆形钢筋混凝土坝下涵管的横向抗裂验算，本节将介绍压力圆形钢筋混凝土坝下涵管的横向裂缝开展宽度验算，即限裂验算。有必要指出，抗裂验算与限裂验算是根据完全不同的物理概念与计算模型，并综合试验资料推导出来的。因此，满足抗裂验算的构件并不一定能满足限裂验算，即二者间无物理力学意义及计算模型上的关联。

一、压力圆形钢筋混凝土坝下涵管的横向限裂设计

压力圆形钢筋混凝土坝下涵管纵向裂缝控制，关系到坝下涵管能否满足正常使用条件。混凝土是抗拉强度远低于抗压强度的材料，混凝土出现纵向裂缝后，若钢筋的限裂作用不足以限制裂缝的扩展，则在压力水的作用下，裂缝将快速扩展，从而增大压力涵管渗流水力梯度与渗漏水量。渗流水力梯度与渗漏水量过大，有可能引发坝体土与坝下涵管间产生集中渗流接触冲刷，危害大坝安全，需对坝下涵管进行除险加固处理方能保证工程安全运行。因此，横向限裂设计便成为压力圆形钢筋混凝土坝下涵管设计的又一技术关键问题，其计算理论与计算方法长期以来为工程界所关注。

本节采用弹性理论多层有限环接触问题模型，建立了压力圆形钢筋混凝土坝下涵管横向限裂设计方法，并推导出相应的解析计算式。

图 3-4 为压力圆形坝下涵管 3 层有限环限裂设计接触问题的计算简图，各结构层间联合协调工作。

图 3-4 中，r_0 为坝下涵管混凝土第一开裂区内半径；r_1 为混凝土第一开裂区外半径，即钢筋折算钢管层内半径；δ 为钢筋折算成连续钢管层的厚度；r_2 为混凝土第二开裂区内半径，即折算钢管层外半径，$r_2 = r_1 + \delta$；r_3 为混凝土第二开裂区外半径。p_0 为坝下涵管承受的内水压力；p_1 为钢筋折算钢管层承受的径向内压力；p_2 为钢筋折算钢管层承受的径向外压力，即混凝土第二开裂区所承受的径向内压力；p_3 为混凝土第二开裂区所承受的径向外压力，即坝下涵管外围坝体土层承受的径向内压力，为保证与坝下涵管接触坝体运行安全，坝体土层不允许出现拉应力，即要求 $p_3 = 0$。

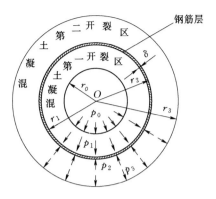

图 3-4　压力圆形坝下涵管限裂设计计算简图

（一）坝下涵管混凝土第一开裂区应力和位移计算式

坝下涵管混凝土第一区完好未开裂时，据弹性理论，其应力、位移计算式分别为[11]

$$\left.\begin{aligned}
\sigma_r &= \frac{p_0 r_0^2 - p_1 r_1^2}{r_1^2 - r_0^2} + \frac{r_0^2 r_1^2 (p_1 - p_0)}{r_1^2 - r_0^2} \frac{1}{r^2} \\
\sigma_\theta &= \frac{p_0 r_0^2 - p_1 r_1^2}{r_1^2 - r_0^2} - \frac{r_0^2 r_1^2 (p_1 - p_0)}{r_1^2 - r_0^2} \frac{1}{r^2}
\end{aligned}\right\} \quad (r_0 \leqslant r \leqslant r_1) \qquad (3-73)$$

$$u_r = \frac{(1 + \mu_c)(1 - 2\mu_c)}{E_c} \frac{p_0 r_0^2 - p_1 r_1^2}{r_1^2 - r_0^2} r - \frac{1 + \mu_c}{E_c} \frac{r_0^2 r_1^2 (p_1 - p_0)}{r_1^2 - r_0^2} \frac{1}{r} \qquad (3-74)$$

式中：E_c、μ_c 分别为混凝土的弹性模量、泊松比。

若坝下涵管混凝土第一区出现裂缝，则对于混凝土裂缝区，只能传递径向应力，切向抗拉强度为零。据弹性理论，其应力平衡方程为

$$\frac{\mathrm{d}\sigma_r}{\mathrm{d}r} + \frac{\sigma_r}{r} = 0 \qquad (3-75)$$

以边界条件 $\sigma_r|_{r=r_0} = -p_0$ 为定解条件，对式（3-75）积分，得

$$\sigma_r = -\frac{r_0}{r} p_0 \quad (r_0 \leqslant r \leqslant r_1) \qquad (3-76)$$

据式（3-76），并由平衡方程 $p_0 r_0 = \sigma_g \delta$，可得混凝土第一开裂区外半径 r_1 处所受均匀内压力为

$$p_1 = -\sigma_r|_{r=r_1} = \frac{r_0}{r_1} p_0 = \frac{\delta}{r_1} \sigma_g \qquad (3-77)$$

式中：σ_g 为钢筋折算钢管层切向应力。

由弹性理论几何方程和平面应变问题的物理方程，得坝下涵管混凝土第一开裂区径向位移满足微分方程为

$$\mathrm{d}u_r = \varepsilon_r \mathrm{d}r = -\frac{1 - \mu_c}{E_c} p_0 r_0 \frac{\mathrm{d}r}{r} \qquad (3-78)$$

积分得

$$u_r = -\frac{1-\mu_c}{E_c} p_0 r_0 \ln r + c \quad (r_0 \leqslant r \leqslant r_1) \tag{3-79}$$

式中：c 为积分常数。

（二）坝下涵管钢筋折算钢管层应力和位移计算式[11]

将沿坝下涵管轴向不连续配置的环向钢筋折算成连续的环向钢管层，设 F 为一根环向钢筋的截面积，b 为环向钢筋的布设间距，则折算钢管层的厚度为

$$\delta = \frac{F}{b} \tag{3-80}$$

于是折算钢管层可视作受内压力 p_1、外压力 p_2 作用的圆环，其应力、位移表达式分别为

$$\left. \begin{aligned} \sigma_r &= \frac{p_1 r_1^2 - p_2 r_2^2}{r_2^2 - r_1^2} + \frac{r_1^2 r_2^2 (p_2 - p_1)}{r_2^2 - r_1^2} \frac{1}{r^2} \\ \sigma_\theta &= \frac{p_1 r_1^2 - p_2 r_2^2}{r_2^2 - r_1^2} - \frac{r_1^2 r_2^2 (p_2 - p_1)}{r_2^2 - r_1^2} \frac{1}{r^2} \end{aligned} \right\} \quad (r_1 \leqslant r \leqslant r_2) \tag{3-81}$$

$$u_r = \frac{(1+\mu_s)(1-2\mu_s)}{E_s} \frac{p_1 r_1^2 - p_2 r_2^2}{r_2^2 - r_1^2} r - \frac{1+\mu_s}{E_s} \frac{r_1^2 r_2^2 (p_2 - p_1)}{r_2^2 - r_1^2} \frac{1}{r} \tag{3-82}$$

式中：E_s、μ_s 为钢筋的弹性模量、泊松比。

据式（3-82）得折算钢管层内、外半径 r_1、r_2 处的径向位移分别为

$$u_{r_1} = \frac{(1+\mu_s)p_1 r_1}{E_s(r_2^2 - r_1^2)} [(1-2\mu_s)r_1^2 + r_2^2] - \frac{2(1-\mu_s^2)}{E_s(r_2^2 - r_1^2)} p_2 r_1 r_2^2 \tag{3-83}$$

$$u_{r_2} = \frac{2(1-\mu_s^2)p_1 r_1^2 r_2}{E_s(r_2^2 - r_1^2)} - \frac{1+\mu_s}{E_s} \frac{(1-2\mu_s)r_2^2 + r_1^2}{r_2^2 - r_1^2} p_2 r_2 \tag{3-84}$$

将 u_{r_1} 代入式（3-79）得积分常数 c，再将所得 c 的计算式代回式（3-79），得坝下涵管混凝土第一开裂区的位移表达式为

$$u_r = \frac{(1+\mu_s)p_1 r_1}{E_s(r_2^2 - r_1^2)} [(1-2\mu_s)r_1^2 + r_2^2] - \frac{2(1-\mu_s^2)}{E_s(r_2^2 - r_1^2)} p_2 r_1 r_2^2 + \frac{1-\mu_c^2}{E_c} p_1 r_1 \ln \frac{r_1}{r} (r_0 \leqslant r \leqslant r_1) \tag{3-85}$$

（三）坝下涵管混凝土第二开裂区应力和位移计算式

前已述及，为确保大坝运行安全，满足坝下涵管管周坝体土不出现拉应力的要求，即 $p_3 = 0$。混凝土第一区已开裂，若在钢筋的限裂作用下，混凝土第二区未开裂，则混凝土第二区的应力与位移计算式分别为

$$\left. \begin{aligned} \sigma_r &= -\frac{r_2^2 (r_3^2 - r^2) p_2}{(r_3^2 - r_2^2) r^2} \\ \sigma_\theta &= \frac{r_2^2 (r_3^2 + r^2) p_2}{(r_3^2 - r_2^2) r^2} \end{aligned} \right\} \quad (r_2 \leqslant r \leqslant r_3) \tag{3-86}$$

$$u_r = \frac{(1+\mu_c)r_2^2}{E(r_3^2 - r_2^2)} [(1-2\mu_c)r^2 + r_3^2] \cdot p_2 \quad (r_2 \leqslant r \leqslant r_3) \tag{3-87}$$

坝下涵管混凝土第二开裂区初始产生裂缝，有[13]

$$\sigma_\theta \big|_{r=r_2} = [\sigma_{c\theta}] \tag{3-88}$$

式中：$[\sigma_{c\theta}]$ 为混凝土容许拉应力。

将式（3-88）代入式（3-86）第 2 式，得混凝土第二开裂区产生裂缝时的临界内压力计算式：

$$p_2^0 = \frac{r_3^2 - r_2^2}{r_3^2 + r_2^2} [\sigma_{c\theta}] \tag{3-89}$$

为推求与临界内压力 p_2^0 相适配的坝下涵管所能承受的临界均匀内水压力 p_0^0 计算式，将 $\sigma_\theta \big|_{r=r_2} = [\sigma_{c\theta}]$、$p_1^0 = \dfrac{r_0}{r_1} p_0^0$、$p_2^0 = \dfrac{r_3^2 - r_2^2}{r_3^2 + r_2^2} [\sigma_{c\theta}]$ 代入式（3-81）中第 2 式，整理得

$$p_0^0 = \frac{r_2^2 (r_3^2 - r_1^2)}{r_0 r_1 (r_3^2 + r_2^2)} [\sigma_{c\theta}] \tag{3-90}$$

显见，p_0^0 远小于 $[\sigma_{c\theta}]$。为防止有压坝下涵管运行期内水外渗，允许最大均匀内水压力设计值取 $[p_0^0] = \dfrac{p_0^0}{k}$，$k$ 为安全系数，可取 $k = 1.3 \sim 1.5$。

（四）坝下涵管混凝土裂缝间距 L_{cr} 计算

当坝下涵管内水压力达到 p_0^0 时，坝下涵管混凝土第二区内缘切向应力达到 $[\sigma_{c\theta}]$，则往往在混凝土的薄弱部位首先开裂，产生第一条裂缝。由于混凝土第二区一旦开裂，且多为贯穿性裂缝，于是此断面混凝土的拉应力全部释放，在一定范围内坝下涵管外周坝体土所受荷载与应力也将作调整，改变原有分布规律：在距第一条裂缝足够远处，混凝土第二开裂区内缘应力若达到 $[\sigma_{c\theta}]$，便又产生第二条裂缝。显然第二条裂缝产生的条件与第一条裂缝产生条件不完全相同，其为开口弹性地基上的圆环。因此，坝下涵管混凝土在产生第一条裂缝后，便变为弹性地基曲梁的裂缝开展问题。参照《水工隧洞设计规范》（SL 279—2016）中"土洞设计"规定，对坝下涵管通常不计坝体土的联合作用。为使推导更具普遍性，以下推导计入坝体土的抗力作用。实际工程计算时，可令坝体土抗力系数 $k = 0$。

1. 坝下涵管裂缝段弹性地基曲梁控制微分方程

图 3-5 为开裂圆形坝下涵管的计算简图。坝下涵管承受均匀内水压力 p_0，设坝下涵

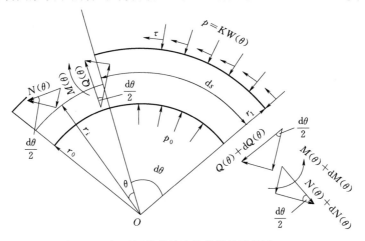

图 3-5　坝下涵管弹性地基曲梁计算简图

管混凝土管壁厚度为 $h=r_1-r_0$，沿涵管纵向单位长度截面面积为 F，惯性矩为 I，于是中心半径为

$$r_i=\frac{1}{2}(r_0+r_1)$$

截取微分单元 $r_i\mathrm{d}\theta$，其中径向位移为 $W(\theta)$，K 为坝体土抗力系数；坝下涵管与坝体土间的剪应力为 τ；起始断面的弯矩为 $M(\theta)$，剪力为 $Q(\theta)$，轴力为 $N(\theta)$。上述各力均以图示方向为正。

列出微段的静力平衡方程 $\sum F_r=0$，$\sum F_\theta=0$，$\sum M_O=0$，略去二阶微量后，有

$$\mathrm{d}Q(\theta)+N(\theta)\mathrm{d}\theta+KW(\theta)r_1\mathrm{d}\theta-p_0r_0\mathrm{d}\theta=0 \tag{3-91}$$

$$\mathrm{d}N(\theta)-Q(\theta)\mathrm{d}\theta-\tau r_1\mathrm{d}\theta=0 \tag{3-92}$$

$$\mathrm{d}M(\theta)+\tau r_1^2\mathrm{d}\theta-r_i\mathrm{d}N(\theta)=0 \tag{3-93}$$

令 $\eta_0=\dfrac{r_0}{r_i}$，$\eta_1=\dfrac{r_1}{r_i}$，式（3-91）～式（3-93）可写为

$$\frac{\mathrm{d}Q(\theta)}{\mathrm{d}\theta}+N(\theta)+KW(\theta)\eta_1r_i-p_0\eta_0r_i=0 \tag{3-94}$$

$$\frac{\mathrm{d}N(\theta)}{\mathrm{d}\theta}=Q(\theta)+\tau\eta_1r_i \tag{3-95}$$

$$\frac{\mathrm{d}M(\theta)}{\mathrm{d}\theta}=r_iQ(\theta)-\tau\eta_1r_i^2(\eta_1-1) \tag{3-96}$$

又由结构力学知，$\dfrac{N(\theta)}{E_cF}=\dfrac{W(\theta)}{r_i}$，$M(\theta)=\dfrac{E_cI}{r_i^2}\dfrac{\mathrm{d}^2W(\theta)}{\mathrm{d}\theta^2}$，于是径向位移 $W(\theta)$ 与截面内力有如下关系：

$$\frac{\mathrm{d}^2W(\theta)}{\mathrm{d}\theta^2}+W(\theta)=\frac{M(\theta)r_i^2}{E_cI}+\frac{N(\theta)r_i}{E_cF} \tag{3-97}$$

根据式（3-94）、式（3-95）、式（3-96）有 $\dfrac{\mathrm{d}^2M(\theta)}{r_i\mathrm{d}\theta^2}+N(\theta)+KW(\theta)\eta_1r_i-p_0\eta_0r_i=0$，$\dfrac{\mathrm{d}N(\theta)}{\mathrm{d}\theta}=\dfrac{\mathrm{d}M(\theta)}{r_i\mathrm{d}\theta}+\tau r_i\eta_1^2$，$\dfrac{\mathrm{d}^2N(\theta)}{\mathrm{d}\theta^2}=-N(\theta)-KW(\theta)\eta_1r_i+p_0\eta_0r_i$，并从 0 到 θ 积分得 $N(\theta)=\dfrac{1}{r_i}M(\theta)-\left(\dfrac{M_0}{r_i}-N_0\right)+\tau r_i\eta_1^2\theta$。

然后根据式（3-94）～式（3-97），可导出径向位移 $W(\theta)$ 应满足的控制微分方程：

$$\frac{\mathrm{d}^4W(\theta)}{\mathrm{d}\theta^4}+2\frac{\mathrm{d}^2W(\theta)}{\mathrm{d}\theta^2}+m^2W(\theta)=\frac{(M_0-N_0r_i)r_i^2}{E_cI}-\frac{\tau r_i^4\eta_1^2\theta}{E_cI}+\left(\frac{r_i^4\eta_0}{E_cI}+\frac{r_i^2\eta_0}{E_cF}\right)p_0 \tag{3-98}$$

其中

$$m^2=1+K\eta_1\frac{r_i^2}{E_cF}+K\eta_1\frac{r_i^4}{E_cI} \tag{3-99}$$

$$M_0=M(0),N_0=N(0)$$

若不计坝下涵管周边坝体土抗力，则 $K=0$，$m=1$［或 K 取很小值，m 值由式（3-99）

相应计算确定]。

2. 坝下涵管弹性地基曲梁内力与应力计算

微分方程式（3-98）的解由特解 $W_0(\theta)$ 与基本解 $W_1(\theta)$ 组成，即

$$W(\theta) = W_0(\theta) + W_1(\theta) \tag{3-100}$$

利用微分方程算子解法可得式（3-98）的特解：

$$W_0(\theta) = \frac{(M_0 - N_0 r_i) r_i^2}{E_c I m^2} - \frac{\tau r_i^4 \eta_1^2 \theta}{E_c I m^2} + \frac{r_i^4}{m^2} \left(\frac{\eta_0}{E_c I} + \frac{\eta_0}{E_c F r_i^2} \right) p_0 \tag{3-101}$$

基本解 $W_1(\theta)$ 由下列特征方程确定

$$\lambda^4 + 2\lambda^2 + m^2 = 0 \tag{3-102}$$

求解得

$$\left. \begin{array}{l} \lambda_{1,2} = \alpha \pm i\beta \\ \lambda_{3,4} = -\alpha \pm i\beta \end{array} \right\} \tag{3-103}$$

其中

$$\left. \begin{array}{l} \alpha = \sqrt{\dfrac{m-1}{2}} \\[3mm] \beta = \sqrt{\dfrac{m+1}{2}} \end{array} \right\} \tag{3-104}$$

于是控制微分方程（3-98）的通解为

$$W(\theta) = e^{-\alpha\theta}(c_1 \cos\beta\theta + c_2 \sin\beta\theta) + e^{\alpha\theta}(c_3 \cos\beta\theta + c_4 \sin\beta\theta)$$
$$+ \frac{(M_0 - N_0 r_i) r_i^2}{E_c I m^2} - \frac{\tau r_i^4 \eta_1^2 \theta}{E_c I m^2} + \frac{r_i^4}{m^2} \left(\frac{\eta_0}{E_c I} + \frac{\eta_0}{E_c F r_i^2} \right) p_0 \tag{3-105}$$

式中：c_1、c_2、c_3、c_4 为积分常数。

又由式（3-94）~式（3-97），可推导得

$$M(\theta) = \frac{1}{\dfrac{1}{E_c F} + \dfrac{r_i^2}{E_c I}} \left[\frac{d^2 W(\theta)}{d\theta^2} + W(\theta) + \frac{M_0 - N_0 r_i - \tau r_i^2 \eta_1^2 \theta}{E_c F} \right] \tag{3-106}$$

$$N(\theta) = \frac{1}{r_i} M(\theta) - \left(\frac{M_0}{r_i} - N_0 \right) + \tau r_i \eta_1^2 \theta \tag{3-107}$$

$$Q(\theta) = \frac{1}{r_i} \frac{dM(\theta)}{d\theta} + \tau r_i \eta_1 (\eta_1 - 1) \tag{3-108}$$

由式（3-105）~式（3-108），有

$$M(\theta) = a_M e^{-\alpha\theta}(c_1 \sin\beta\theta - c_2 \cos\beta\theta) - a_M e^{\alpha\theta}(c_3 \sin\beta\theta - c_4 \cos\beta\theta)$$
$$+ \tau r_i^2 \theta(b_M - \eta_1^2) + (c_M + 1)(M_0 - N_0 r_i) + d_M p_0 \tag{3-109}$$

$$N(\theta) = \frac{a_M}{r_i} e^{-\alpha\theta}(c_1 \sin\beta\theta - c_2 \cos\beta\theta) - \frac{a_M}{r_i} e^{\alpha\theta}(c_3 \sin\beta\theta - c_4 \cos\beta\theta)$$
$$+ b_M \tau r_i \theta + \frac{c_M}{r_i}(M_0 - N_0 r_i) + \frac{d_M}{r_i} p_0 \tag{3-110}$$

$$Q(\theta)=\frac{a_M}{r_i}e^{-\alpha\theta}\left[(-\alpha c_1+\beta c_2)\sin\beta\theta+(\alpha c_2+\beta c_1)\cos\beta\theta\right]$$

$$-\frac{a_M}{r_i}e^{\alpha\theta}\left[(\alpha c_3+\beta c_4)\sin\beta\theta+(-\alpha c_4+\beta c_3)\cos\beta\theta\right]+\tau r_i(b_M-\eta_1) \quad (3-111)$$

其中

$$a_M=\frac{1}{\dfrac{1}{E_cF}+\dfrac{r_i^2}{E_cI}}\sqrt{m^2-1} \qquad b_M=\frac{1}{\dfrac{1}{E_cF}+\dfrac{r_i^2}{E_cI}}\frac{(m^2-1)\eta_1^2r_i^2}{E_cIm^2}$$

$$c_M=\frac{1}{\dfrac{1}{E_cF}+\dfrac{r_i^2}{E_cI}}\frac{(1-m^2)r_i^2}{E_cIm^2} \qquad d_M=\frac{\eta_0r_i^2}{m^2}$$

坝下涵管混凝土内缘的切向应力 $\sigma_{\theta i}$ 为

$$\sigma_{\theta i}=\frac{N(\theta)}{F}+\frac{(r_i-r_0)}{I}M(\theta) \quad (3-112)$$

将式（3-109）、式（3-110）代入式（3-112），整理后得

$$\sigma_{\theta i}=Ae^{-\alpha\theta}(c_1\sin\beta\theta-c_2\cos\beta\theta)-Ae^{\alpha\theta}(c_3\sin\beta\theta-c_4\cos\beta\theta)$$

$$+B\tau r_i^2\theta+C(M_0-N_0r_i)+DP_0 \quad (3-113)$$

其中

$$A=\frac{a_M}{Fr_i}+\frac{r_i(1-\eta_0)a_M}{I} \qquad B=\frac{b_M}{Fr_i}+\frac{r_i(1-\eta_0)(b_M-\eta_1^2)}{I}$$

$$C=\frac{c_M}{Fr_i}+\frac{r_i(1-\eta_0)(c_M+1)}{I} \qquad D=\frac{d_M}{Fr_i}+\frac{r_i(1-\eta_0)d_M}{I}$$

3. 裂缝间距 L_{cr}

坝下涵管在临界内水压力 p_0^0 作用下，未开裂前断面内力可按下式计算：

$$N_{0I}=\frac{p_0^0r_0}{(1+WKr_1)} \quad (3-114)$$

其中

$$W=\frac{r_i\left(1-\dfrac{i^2}{r_i^2}\right)}{(E_cF)} \qquad i^2=\frac{I}{F}$$

为加深读者对式（3-114）的理解，其推求过程列述如下。

根据式（3-6），有

$$M_{0I}=\frac{N_{0I}i^2}{r_i} \quad (3-115)$$

坝下涵管混凝土未开裂，且注意到弯矩 M_{0I} 与轴力 N_{0I} 所产生的弯矩方向相反（图 3-5），于是由结构力学有

$$\frac{N_{0I}r_i-M_{0I}}{E_cF}=W_0 \quad (3-116)$$

又注意到混凝土未开裂时，坝下涵管在对称荷载作用下，反对称剪力增量 $dQ(\theta)|_{\theta=0}=0$，于是由式（3-91）可得

$$N_{0\mathrm{I}} + KW_0 r_1 - p_0^0 r_0 = 0 \tag{3-117}$$

将式（3-116）代入式（3-117），并利用式（3-115）则可得式（3-114）。

坝下涵管开裂后，裂缝断面的作用力有钢筋拉力和水压力，据式（3-77），钢筋拉力为

$$\sigma_{\mathrm{g}} = \frac{p_0^0 r_0}{\delta} \tag{3-118}$$

裂缝断面 $\theta = 0$ 处的作用力为

$$N_0 = \sigma_{\mathrm{g}} \delta - p_0^0 F \tag{3-119}$$

$$M_0 = \sigma_{\mathrm{g}} \delta (r_i - r_{\mathrm{g}}) \tag{3-120}$$

式中：r_{g} 为钢筋折算钢管层中心所在位置处半径，即折算钢管层中径。

对于素混凝土坝下涵管结构，裂缝断面上仅有水压力作用。

于是据式（3-114）、式（3-115）与式（3-119）、式（3-120）可知，坝下涵管混凝土结构开裂前后裂缝断面处的内力改变值为

$$N_{0\mathrm{II}} = N_0 - N_{0\mathrm{I}} \tag{3-121}$$

$$M_{0\mathrm{II}} = M_0 - M_{0\mathrm{I}} \tag{3-122}$$

可以把产生了第一条裂缝后的坝下涵管应力计算，视作下面两种工况下结构应力的叠加。

工况 I：在临界开裂内水压力 p_0^0 作用下，各断面内缘应力为

$$\sigma_{\mathrm{I}\theta_0} = [\sigma_{c\theta}] \tag{3-123}$$

工况 II：设在开裂面上仅有内力 $N_{0\mathrm{II}}$、$M_{0\mathrm{II}}$ 作用，于是所计算出来的应力就是坝下涵管混凝土结构开裂后，裂缝影响范围内坝下涵管内缘拉应力降低值。显然，$\Delta\sigma_{\mathrm{II}\theta_0} < 0$。于是在坝下涵管混凝土结构产生第二条裂缝前，其内缘应力为

$$\sigma_{\mathrm{II}\theta_0} = \sigma_{\mathrm{I}\theta_0} + \Delta\sigma_{\mathrm{II}\theta_0} \tag{3-124}$$

若 $\sigma_{\mathrm{II}\theta_0} < [\sigma_{c\theta}]$，则坝下涵管混凝土结构将不会产生新裂缝；当 $\sigma_{\mathrm{II}\theta_0} = [\sigma_{c\theta}]$，则坝下涵管混凝土结构将在该断面产生第二条裂缝。

据圣维南（Saint-Venant）原理，距裂缝越远，裂缝处内力 $N_{0\mathrm{II}}$、$M_{0\mathrm{II}}$ 的影响越小。因此，有

$$c_3 = c_4 = 0 \tag{3-125}$$

于是在工况 II，式（3-113）可写为

$$\sigma_{\mathrm{II}\theta} = A\mathrm{e}^{-\alpha\theta}(c_1 \sin\beta\theta - c_2 \cos\beta\theta) + B\tau r_i^2 \theta + C(M_{0\mathrm{II}} - N_{0\mathrm{II}} r_i) \tag{3-126}$$

其中积分常数 c_1、c_2 由边界条件式（3-127）确定：

$$\left.\begin{array}{l} \sigma_{\mathrm{II}\theta}\big|_{\theta=0} = \dfrac{N_{0\mathrm{II}}}{F} + \dfrac{M_{0\mathrm{II}}(r_i - r_0)}{I} \\[2mm] Q(\theta)\big|_{\theta=0} = 0 \end{array}\right\} \tag{3-127}$$

式（3-127）中第 2 式边界条件 $Q(\theta)\big|_{\theta=0} = 0$，是由于 $Q(\theta)$ 为反对称力，据结构的对称性，必存在该边界条件。于是有

$$c_1 = \frac{\eta_1 - b_{\mathrm{M}}}{\beta a_{\mathrm{M}}} \tau r_i^2 - \frac{\alpha}{\beta} c_2 \tag{3-128}$$

$$c_2 = \frac{1}{A}\left[C(M_{0\mathrm{II}} - N_{0\mathrm{II}} r_i) - \frac{N_{0\mathrm{II}}}{F} - \frac{M_{0\mathrm{II}}(r_i - r_0)}{I} \right] \tag{3-129}$$

令 $\qquad\qquad\qquad\qquad \sigma_{\text{Ⅱ}\theta}=0 \qquad\qquad\qquad\qquad$ (3-130)

可得出裂缝间距 L_{cr} 相应中心角 θ 应满足的超越方程式为

$$A\mathrm{e}^{-\alpha\theta}(c_1\sin\beta\theta-c_2\cos\beta\theta)+B\tau r_i^2\theta+C(M_{0\text{Ⅱ}}-N_{0\text{Ⅱ}}r_i)=0 \qquad (3\text{-}131)$$

与 L_{cr} 相应的中心角 θ_c 求出后，则

$$L_{\text{cr}}=r_i\theta_\text{c} \qquad\qquad\qquad (3\text{-}132)$$

特别的，当 $m=1$ 时，$A=0$，则式（3-131）简化为

$$B\tau r_i^2\theta+C(M_{0\text{Ⅱ}}-N_{0\text{Ⅱ}}r_i)=0 \qquad\qquad (3\text{-}133)$$

【例题 3-2】 某发电灌溉输水钢筋混凝土坝下涵管受均匀内水压力 $p_0=0.4\text{MPa}$ 作用，$r_0=2.0\text{m}$，$r_1=2.6\text{m}$。每米洞长配 6 根 $\Phi 25$ 的钢筋，$F_\text{g}=29.4\text{cm}^2$，$\delta=\dfrac{F_\text{g}}{16.67}=0.29\text{cm}$。

坝下涵管混凝土的物理力学参数 $E_\text{c}=2.8\times10^4\text{MPa}$，容许抗拉强度 $[\sigma_{c\theta}]=1.2\text{MPa}$，$\tau=0.02\text{MPa}$。不计坝下涵管外周坝体土的抗力，即 $k=0$。计算裂缝间距 L_{cr}。

解： 1. 计算有关参数

$r_0=200\text{cm}$，$r_1=260\text{cm}$，$r_i=230\text{cm}$；$F=60\text{cm}^2$；$I=\dfrac{1}{12}bh^3=18000\text{cm}^4$；$\eta_0=\dfrac{r_0}{r_i}=0.8696$，$\eta_1=\dfrac{r_1}{r_i}=1.1304$；$m^2=1.0$，$m=1.0$；$\alpha=0$，$\beta=1$；$a_\text{M}=0$，$b_\text{M}=0$，$c_\text{M}=0$，$d_\text{M}=46000$；$A=0$，$B=-2.1291\times10^{-3}$，$C=1.6662\times10^{-3}$，$D=79.9795$。

2. 计算裂缝间距

（1）求坝下涵管混凝土开裂临界内水压力。

据式（3-90）求得坝下涵管混凝土开裂临界内水压力为 $p_0^0=0.2875\text{MPa}$。

（2）求开裂前后断面内力变化值。开裂前：$i^2=\dfrac{I}{F}=300$，$W=r_i\left(1-\dfrac{i^2}{r_i^2}\right)/E_\text{c}F=1.3613\times10^{-4}$，$N_{0\text{Ⅰ}}=57.5\text{MPa}\cdot\text{cm}^2$，$M_{0\text{Ⅰ}}=75\text{MPa}\cdot\text{cm}^3$。

开裂后：$\sigma_\text{g}=198.2759\text{MPa}$，$N_0=40.25\text{MPa}\cdot\text{cm}^2$，$M_0=1428.875\text{MPa}\cdot\text{cm}^3$。

因此内力改变值为

$$N_{0\text{Ⅱ}}=-17.25\text{MPa}\cdot\text{cm}^2$$

$$M_{0\text{Ⅱ}}=1353.875\text{MPa}\cdot\text{cm}^3$$

（3）计算裂缝间距。

由式（3-133）求解得 $\theta_\text{c}=3.9361(\text{rad})$，

于是有 $L_{\text{cr}}=r_i\theta_\text{c}=230\times3.9361=905.53(\text{cm})$。

混凝土衬砌理论裂缝条数（取整）为

$$n=\left[\frac{2\pi r_i}{L_{\text{cr}}}\right]=\left[\frac{2\times\pi\times230}{905.53}\right]=1（条）$$

室内试验与原型观测均表明，坝下涵管混凝土在某薄弱处出现裂缝后，裂缝处的拉应力立即消除，坝下涵管结构的应力重新调整。压力水进入并向裂缝的两侧壁挤压，使裂缝附近的混凝土拉应力释放，并迅速降低、消退，而裂缝则在压应力的作用下快速扩展。因

此，在裂缝的近侧随着压应力的增大且不断扩大影响范围的同时，在其邻近区域将不可能再出现因拉应力超过混凝土抗拉强度而引起的新裂缝，裂缝分布呈"稀而宽"的特征。

第六节　圆形坝下涵管纵向拉力计算与抗裂验算及伸缩缝间距设计[13]

坝下涵管环向裂缝通常分为两大类：一类是荷载引起的环向裂缝；另一类是变形变化引起的环向裂缝及荷载与变形变化联合作用引发的环向裂缝。现行规范对这类裂缝问题规定的工程处理措施较灵活，仅给出分缝间距范围值，由设计人员凭经验设定，属构造设计性质。而坝下涵管结构的纵向受力分析表明，其纵向内力与管径、荷载、运行期温度变化等因素有关，应属结构设计的内容。因此，对坝下涵管纵向分缝与配筋按构造设计处理存有争议，事实上，坝下涵管的纵向结构设计问题并非简单按构造处理的问题，值得反思和深入探讨。下面我们采用定量与定性相结合的方法分析研究温度变化荷载与外加荷载联合作用下的坝下涵管纵向内力计算与抗裂验算，为坝下涵管伸缩缝间距设计与配筋计算提供理论依据。

一、圆形坝下涵管纵向拉力计算

（一）变温纵向拉力

降温时，涵管的纵向拉力为[13]

$$N_t = \pi(r_1^2 - r_0^2)\alpha E_c t \tag{3-134}$$

式中：r_1、r_0 分别为涵管外半径、内半径；α 为混凝土线膨胀系数；E_c 为混凝土弹性模量；t 为涵管变温值。

（二）均匀内水压力作用产生的纵向拉力

坝下涵管在均匀内水压力 p 作用下，管身将产生径向位移而引起纵向拉应力。根据弹性理论，其纵向应力为[11]

$$\sigma_{zp} = 2\mu_c p \frac{r_0^2}{r_1^2 - r_0^2} \tag{3-135}$$

式中：μ_c 为混凝土泊松比。

于是得涵管纵向拉力为

$$N_p = \pi(r_1^2 - r_0^2)\sigma_{zp} = 2\mu_c \pi r_0^2 p \tag{3-136}$$

（三）坝体填土与涵管间的摩擦力[13]

当降温引起涵管产生收缩时，涵管管壁与坝体填土间的摩阻力将约束管身的纵向变形（图 3-6）。图中 τ 为坝体土与坝下涵管间的摩擦力强度，T 分布图为坝下涵管沿管节长度方向的横断面摩阻拉力分布图，T_{max} 为管身中间对称横断面最大摩阻拉力值。图中其他符号意义将在各相关计算式中列述。设 f 为坝体填土与管壁间的摩擦系数，其取值可参照国家标准《泵站设计规范》（GB 50265—2010）或行业标准《水闸设计规范》（SL 265—2016）采用，一般饱和黏土取 0.20，湿黏土取 0.25，砂土取 0.35~0.4。对涵管在均匀垂直土压力、均匀地基反力、梯形分布侧向土压力、管身自重与管内水重作用下的单位管长摩擦力分别计算如下。

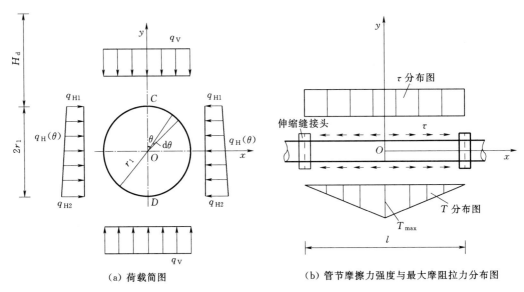

（a）荷载简图　　　　　　　（b）管节摩擦强度与最大摩阻拉力分布图

图 3-6　坝下涵管摩擦力计算简图

（1）均匀垂直土压力与相应均匀地基反力作用下的单位管长摩擦力强度[13]。

将竖向土压力强度沿坝下涵管径向分解后，可得

$$\tau_1 = 4r_1 f \int_0^{\frac{\pi}{2}} q_V \cos^2\theta \mathrm{d}\theta = \pi r_1 f q_V = \frac{1}{2}\pi f G_V \tag{3-137}$$

式中：$q_V = k_s \gamma H_d$ 为坝下涵管单位长度管顶面的垂直土压力强度与相应管底面的地基反力强度[14]；k_s 为坝下涵管垂直土压力系数；γ 为坝体填土容重；H_d 为涵管顶以上填土高度；$G_V = 2r_1 q_V$，表示单位管长总的垂直土压力。

（2）梯形分布侧向土压力作用下的单位管长摩擦力强度。

将梯形分布侧向土压力强度沿坝下涵管径向分解后，可得

$$\tau_2 = 4r_1 f \int_0^{\frac{\pi}{2}} q_H(\theta)\sin^2\theta \mathrm{d}\theta \tag{3-138}$$

注意到[13]：

$$q_H(\theta) = \frac{1}{2}(q_{H1} + q_{H2}) - \frac{1}{2}(q_{H2} - q_{H1})\cos\theta \tag{3-139}$$

将其代入式（3-138），积分整理得

$$\tau_2 = \frac{1}{2}\pi \cdot r_1 f(q_{H1} + q_{H2}) - \frac{2}{3}r_1 f(q_{H2} - q_{H1}) = \frac{1}{2}\pi \cdot f G_H - \frac{2}{3}r_1 f(q_{H2} - q_{H1})$$

$$\tag{3-140}$$

式中：$q_{H1} = k_t \gamma H_d$、$q_{H2} = k_t \gamma(H_d + 2r_1)$ 分别为坝下涵管单位长度内管顶、管底侧向水平土压力强度；k_t 为坝下涵管侧向土压力系数，$k_t = \tan^2\left(45° - \dfrac{\varphi}{2}\right)$，$\varphi$ 为坝体填土内摩擦角；$G_H = (q_{H1} + q_{H2}) \cdot r_1 = 2k_t \gamma(H_d + r_1) \cdot r_1$，表示单位管长总的侧向土压力。

（3）管身自重及管内水重作用下的单位管长摩擦力强度。

注意到管身单位长度自重 q_c 及管内非均匀水重 q_w 仅沿区间 $[0, \pi]$ 分布，于是有

$$\tau_3 = 2 \int_0^{\frac{\pi}{2}} (q_c + q_w) \cos^2\theta \cdot r_1 f \mathrm{d}\theta = \frac{1}{2} \pi (q_c + q_w) \cdot r_1 f \tag{3-141}$$

式中：$q_c + q_w = \dfrac{\pi(r_1^2 - r_0^2)\gamma_c + \pi r_0^2 \gamma_w}{2r_1}$；$\gamma_c$ 为管身容重；γ_w 为水的容重。

综上所述，单位管长上的总摩擦力强度为

$$\tau = \tau_1 + \tau_2 + \tau_3 = \pi r_1 f \left[q_V + \frac{1}{2}(q_{H1} + q_{H2}) + \frac{1}{2}(q_c + q_w) \right] - \frac{2}{3} r_1 f(q_{H2} - q_{H1}) \tag{3-142}$$

（4）伸缩缝间距内坝下涵管纵向拉力计算与分析[13]。

坝下涵管纵向最大拉力断面为管身中间对称横断面 [图 3-6（b）]，考虑到管身荷载的不均匀性，引进不均匀荷载系数 η，则最大拉力值为

$$T_{max} = \frac{1}{2} \eta \tau l = \frac{1}{2} \pi \eta r_1 f l \left[q_V + \frac{1}{2}(q_{H1} + q_{H2}) + \frac{1}{2}(q_c + q_w) \right] - \frac{1}{3} \eta r_1 f l(q_{H2} - q_{H1}) \tag{3-143}$$

式中：η 取值为 $1.5 \sim 1.8$，可据坝体填土土质的均一性条件与坝下涵管外周管壁光滑平顺度取定。

式（3-143）表明，坝下涵管因土压力与管身自重及管内水重而产生的最大横截面摩阻拉力值与伸缩缝间距 l 成正比。

综上计算分析可见，如果涵管与坝体填土间被动摩擦力产生的横断面最大拉力值小于温度荷载与均匀内水压力联合作用下的最大纵向主动拉力值，即 $N_t + N_p > T_{max}$ 时，则按摩擦力产生的横断面最大拉应力值控制涵管横断面允许拉应力；反之，则按温度荷载与均匀内水压力联合作用下的纵向拉应力值控制涵管横断面允许拉应力。由于混凝土抗拉强度较低，因此坝下涵管伸缩缝间距应控制在一定范围内，避免后一种工况的出现，以使坝下涵管横断面拉应力处于混凝土抗拉强度允许值范围内。

二、坝下涵管伸缩缝间距设计与纵向抗裂验算

坝下涵管产生环向裂缝的主要荷载是降温荷载与均匀内水压力及坝体填土对涵管变形的约束力，对有抗裂要求的坝下涵管，应使涵管纵向拉应力 σ_z 小于混凝土的轴心抗拉极限强度 f_{tk}，即

$$\sigma_z < f_{tk} \tag{3-144}$$

设坝下涵管混凝土达到抗拉极限强度 f_{tk} 时的轴向合力为

$$N_{ct} = \pi(r_1^2 - r_0^2) f_{tk} \tag{3-145}$$

又当混凝土拉伸变形达到极限拉伸变形 ε_c 时，则有

$$f_{tk} = E_c \varepsilon_c \tag{3-146}$$

此时，由坝下涵管钢筋与混凝土变形协调，可求得钢筋相应应力 σ_s 约为 $2 \times 10^4 \mathrm{kPa}$。设轴向钢筋的横截面面积为 A_s，则钢筋所承受的轴向拉力为

$$N_{st} = A_s \sigma_s \tag{3-147}$$

于是，若坝体填土与坝下涵管间最大摩擦力小于变温荷载与均匀内水压力联合作用下的坝下涵管纵向拉力最大值

$$T_{\max} = \alpha_{ct}[A_s\sigma_s + \pi f_{tk}(r_1^2 - r_0^2)] \tag{3-148}$$

根据式（3-143）、式（3-148）可得式（3-149）：

$$L_{\max} = \frac{1}{2}\pi\eta r_1 fl\left[q_V + \frac{1}{2}(q_{H1} + q_{H2}) + \frac{1}{2}(q_c + q_w)\right] - \frac{1}{3}\eta r_1 fl(q_{H2} - q_{H1})$$

$$= \alpha_{ct}[A_s\sigma_s + \pi f_{tk}(r_1^2 - {}_0^2)] \tag{3-149}$$

式中：α_{ct} 为混凝土拉应力限制系数，据《水工混凝土结构设计规范》（SL 191—2008）规定，对荷载效应的标准组合，α_{ct} 可取 0.85[13]。

据式（3-149），可求得在 $\sigma_z = f_{tk}$ 条件下的伸缩缝最大间距 $L_{\max}$：

$$l|_{\sigma_z = f_{tk}} = L_{\max} = \frac{\alpha_{ct}[A_s\sigma_s + \pi f_{tk}(r_1^2 - r_0^2)]}{\frac{1}{2}\pi\eta r_1 f\left[q_V + \frac{1}{2}(q_{H1} + q_{H2}) + \frac{1}{2}(q_c + q_w)\right] - \frac{1}{3}\eta r_1 f(q_{H2} - q_{H1})}$$

$$\tag{3-150}$$

若坝体填土与坝下涵管最大摩擦力大于变温荷载与均匀内水压力联合作用下的坝下涵管纵向拉力，则可据下式

$$\pi(r_1^2 - r_0^2)\alpha E_c t + 2\mu_c\pi r_0^2 p = \alpha_{ct}[A_s\sigma_s + \pi f_{tk}(r_1^2 - r_0^2)] \tag{3-151}$$

求算出坝下涵管所能承受的最大降温值为

$$t_{\max} = \frac{\alpha_{ct}[A_s\sigma_s + \pi f_{tk}(r_1^2 - r_0^2)] - 2\mu_c\pi r_0^2 p}{\pi\alpha E_c(r_1^2 - r_0^2)} \tag{3-152}$$

【例题 3-3】　某水库均质土坝最大坝高 20.0m，钢筋混凝土坝下涵管内径 1.2m，管壁厚 0.3m；混凝土强度等级为 C20，轴心抗拉强度标准值 $f_{tk} = 1.54\text{MPa}$；环向配筋内圈为 $\Phi14@130\text{mm}$，外圈为 $\Phi14@150\text{mm}$；纵向配筋内圈为 $\Phi10@210\text{mm}$，外圈为 $\Phi10@230\text{mm}$。坝体填土与涵管壁间的摩擦系数 $f = 0.25$，坝体土内摩擦角 $\varphi = 21°$，容重 $\gamma = 18\text{kN/m}^3$，不均匀荷载系数 $\eta = 1.5$，混凝土拉应力限制系数 $\alpha_{ct} = 0.85$，坝下涵管垂直土压力系数 $k_s = 1.02$。分别计算与最大坝高 20.0m 及坝体填土高 10.0m 相适应的伸缩缝间距。

解：按最大坝高 20.0m 计算，有：$k_t = 0.4724$，$q_V = 343.0\text{kPa}$，$q_{H1} = 158.84\text{kPa}$，$q_{H2} = 170.06\text{kPa}$，$q_c = 18.85\text{kPa}$，$A_s = 3300\text{mm}^2$，$T_{\max} = 2237\text{kN}$，$L_{\max} = 8.15\text{m}$。

按坝体填土高 10.0m 计算，有：$q_V = 159.36\text{kPa}$，$q_{H1} = 73.81\text{kPa}$，$q_{H2} = 85.03\text{kPa}$，$q_c = 18.85\text{kPa}$，$T_{\max} = 2237\text{kN}$，$L_{\max} = 16.95\text{m}$。

第四章　箱形坝下涵管结构若干关键
理论与技术研究及应用

第一节　概　　述

箱涵由于其结构型式简单，静力工作条件好，施工方便，受载明确，整体性好，对地基不均匀沉降适应性强等特点，是常见坝下涵管选用的结构型式之一。坝下箱涵横向为闭合刚结点矩形框架结构，其结构计算主要内容包括结构尺寸拟定，设计荷载组合计算，内力计算，承载能力极限状态计算，抗裂验算，以及地基承载力验算。坝下箱涵受土压力作用的内力与变位计算已有成熟的结构力学解法[15]（详见本章第三节坝下箱涵横向内力计算与抗裂验算），但坝下箱涵受非均匀内水压力作用的结构计算、坝下箱涵纵向拉力计算与抗力验算及伸缩缝间距设计却鲜见文献介绍，下面分节进行探究列介。

第二节　非均匀内水压力作用下的坝下箱涵结构计算[15]

鉴于坝下箱涵受非均匀内水压力作用，特别是侧墙受梯形分布荷载作用的内力与变位计算这一常遇设计工况鲜见介绍。为解决这一复杂技术问题，本节依据弹性地基梁理论，将箱涵底板与顶板分别视为承受内水压力 P_1、P_2 作用的固端弹性地基梁，将箱涵侧墙视为底端承受内水压力 P_1、顶端承受内水压力 P_2 的梯形分布荷载作用的固端弹性地基梁，采用左手直角坐标系，按弹性地基梁初参数法与地下框架结构位移法弯矩与剪力正、负号匹配关系，建立了箱涵底板、顶板、侧墙载常数计算方法，给出了箱涵受非均匀内水压力作用时的内力与变位解析计算式。

为使读者深入了解文中采用左手坐标系的缘由与优点，有必要指出，利用成熟的弹性地基梁初参数法分析计算属于地下框架结构的坝下箱涵内力存在一定的复杂性，主要在于以下方面：

（1）应用初参数法分析计算地基梁内力时，要对内力与变位规定一定的正、负号；而在利用杆件弹性地基梁法解算框架结构内力时，必须在各结点建立平衡方程（杆件转角位移方程），此时又须按平衡要求，另外规定"杆端"上内力及变位的符号。所以，杆端内力的符号在计算过程中要视计算需要拟定，即应按杆件结构的弹性地基梁法计算，与按箱涵框架杆件转角位移方程的建立及框架结构内力计算，分别对杆端内力的符号取定作相应调整适配，偶一疏忽或误解便会导致计算失误、成果出缪。本书采用左手直角坐标系，将箱涵转角结点作奇点处理，协调解决了这一复杂而又关键的"符号规定问题"。

（2）将繁复的计算过程与计算公式程序格式化，方便设计人员有序分步骤解算，以避免计算过程出现错误。

方法的推导与箱涵结构内力求算，揭示了如何从"杆件"（"构件"）开始的专业技术训练到建立工程"结构"整体概念的科学思路，反映了"杆件设计"与"结构设计"二者之间的联系与差异。

一、坝下箱涵载常数

只与杆件荷载形式有关的常数称为载常数。坝下箱涵各杆件载常数计算式推导列述如下。

（一）箱涵底板载常数

坝下箱涵底板可简化为受均布内水压力 P_1 作用的两端固定弹性地基梁，采用左手直角坐标系，其计算简图如图 4-1 所示。

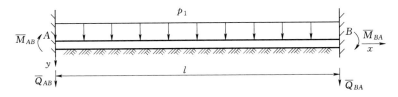

图 4-1　坝下箱涵底板载常数计算简图

由弹性地基梁受均布荷载 p_1 作用下的初参数变位解，且注意到箱涵底板左端 A 为初始截面，杆端弯矩 $\overline{M}_{AB}$、$\overline{M}_{BA}$ 以顺时针方向为正，杆端剪力以指向地基方向（沿 Y 轴方向）为正，于是箱涵底板挠度计算式为

$$y = \overline{y}_{AB}\phi_1 + \overline{\theta}_{AB}\frac{1}{\beta_1}\phi_2 - M_{AB}\frac{1}{EI_1\beta_1^2}\phi_3 + \overline{Q}_{AB}\frac{1}{EI_1\beta_1^3}\phi_4 + \frac{p_1}{k}(1-\phi_1) \qquad (4-1)$$

其中 $\qquad \phi_1 = \mathrm{ch}\beta_1 x \cdot \cos\beta_1 x \qquad \phi_2 = \frac{1}{2}(\mathrm{ch}\beta_1 x \cdot \sin\beta_1 x + \mathrm{sh}\beta_1 x \cdot \cos\beta_1 x)$

$$\phi_3 = \frac{1}{2}\mathrm{sh}\beta_1 x \cdot \sin\beta_1 x \qquad \phi_4 = \frac{1}{4}(\mathrm{ch}\beta_1 x \cdot \sin\beta_1 x - \mathrm{sh}\beta_1 x \cdot \cos\beta_1 x)$$

式中：$\overline{y}_{AB}$、$\overline{\theta}_{AB}$、$\overline{M}_{AB}$、$\overline{Q}_{AB}$ 分别为箱涵底板端点 A 处的挠度、转角、弯矩、剪力，通常称为初参数；ϕ_1、ϕ_2、ϕ_3、ϕ_4 为克雷洛夫函数[15]，它们具有以下性质：$\dfrac{\mathrm{d}\phi_1}{\mathrm{d}x} = -4\beta\phi_4$，$\dfrac{\mathrm{d}\phi_2}{\mathrm{d}x} = \beta\phi_1$，$\dfrac{\mathrm{d}\phi_3}{\mathrm{d}x} = \beta\phi_2$，$\dfrac{\mathrm{d}\phi_4}{\mathrm{d}x} = \beta\phi_3$，$\phi_1(0)=1$，$\phi_2(0)=0$，$\phi_3(0)=0$，$\phi_4(0)=0$，$\phi_2^2 - 4\phi_4^2 = 2\phi_1\phi_3$，$\phi_1^2 - 4\phi_3^2 + 8\phi_2\phi_4 = 1$；$\beta_1$ 为坝下箱涵底板特征系数，$\beta_1 = \left(\dfrac{k}{4EI_1}\right)^{0.25}$；$k$ 为坝下箱涵弹性抗力系数，若不计地基弹性抗力，则在计算时 k 可取很小的值；E 为坝下箱涵混凝土弹性模量；I_1 为坝下箱涵底板截面惯性矩；l 为箱涵底板计算跨度（图 4-1）。

据箱涵底板载常数计算简图，由左端边界条件 $y\big|_{x=0} = \overline{y}_{AB} = 0$，$\theta\big|_{x=0} = \overline{\theta}_{AB} = 0$，据式（4-1）可得底板挠度方程为

$$y = -\frac{1}{EI_1\beta_1^2}\overline{M}_{AB} \cdot \phi_3 + \frac{1}{EI_1\beta_1^3}\overline{Q}_{AB} \cdot \phi_4 + \frac{p_1}{k} \cdot (1-\phi_1) \qquad (4-2)$$

对 y 求导，可得箱涵底板转角方程：

$$\theta = \frac{\mathrm{d}y}{\mathrm{d}x} = -\frac{1}{EI_1\beta_1}\overline{M}_{AB} \cdot \phi_2 + \frac{1}{EI_1\beta_1^2}\overline{Q}_{AB} \cdot \phi_3 + \frac{4\beta_1}{k}p_1 \cdot \phi_4 \qquad (4-3)$$

又利用底板右端边界条件 $y|_{x=l} = \overline{y}_{BA} = 0$，$\theta|_{x=l} = \overline{\theta}_{BA} = 0$，据式（4-2）、式（4-3）可得底板左端载常数：

$$\overline{M}_{AB} = -\frac{p_1}{2\beta_1^2} \cdot \frac{\mathrm{sh}\beta_1 l - \sin\beta_1 l}{\mathrm{sh}\beta_1 l + \sin\beta_1 l} \qquad (4-4)$$

$$\overline{Q}_{AB} = -\frac{p_1}{\beta_1} \cdot \frac{\mathrm{ch}\beta_1 l - \cos\beta_1 l}{\mathrm{sh}\beta_1 l + \sin\beta_1 l} \qquad (4-5)$$

利用内力计算式 $M = EI_1\dfrac{\mathrm{d}\theta}{\mathrm{d}x} = -\overline{M}_{AB} \cdot \phi_1 + \dfrac{\overline{Q}_{AB}}{\beta_1} \cdot \phi_2 + \dfrac{P_1}{\beta_1^2} \cdot \phi_3 \,(x \neq 0)$，$Q = -\dfrac{\mathrm{d}M}{\mathrm{d}x} = -4\beta_1\overline{M}_{AB} \cdot \phi_4 - \overline{Q}_{AB} \cdot \phi_1 - \dfrac{P_1}{\beta_1} \cdot \phi_2 \,(x \neq 0)$，可求出箱涵底板右端载常数：

$$\overline{M}_{BA} = -\overline{M}_{AB} = \frac{p_1}{2\beta_1^2} \cdot \frac{\mathrm{sh}\beta_1 l - \sin\beta_1 l}{\mathrm{sh}\beta_1 l + \sin\beta_1 l} \qquad (4-6)$$

$$\overline{Q}_{BA} = \overline{Q}_{AB} = -\frac{p_1}{\beta_1} \cdot \frac{\mathrm{ch}\beta_1 l - \cos\beta_1 l}{\mathrm{sh}\beta_1 l + \sin\beta_1 l} \qquad (4-7)$$

（二）箱涵顶板载常数

坝下箱涵顶板可简化为受均布内水压力 p_2 作用的两端固定弹性地基梁，计算简图如图 4-2 所示。

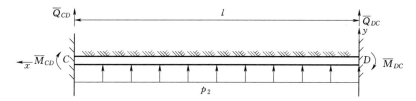

图 4-2　坝下箱涵顶板载常数计算简图

类似于坝下箱涵底板载常数的推导，且注意到箱涵顶板所受均布内水压力 p_2 作用方向垂直向上，可得箱涵顶板左、右固端载常数分别为

$$\overline{M}_{CD} = -\overline{M}_{DC} = \frac{p_2}{2\beta_2^2} \cdot \frac{\mathrm{sh}\beta_2 l - \sin\beta_2 l}{\mathrm{sh}\beta_2 l + \sin\beta_2 l} \qquad (4-8)$$

$$\overline{Q}_{CD} = \overline{Q}_{DC} = -\frac{p_2}{\beta_2} \cdot \frac{\mathrm{ch}\beta_2 l - \cos\beta_2 l}{\mathrm{sh}\beta_2 l + \sin\beta_2 l} \qquad (4-9)$$

式中：β_2 为坝下箱涵顶板特征系数，$\beta_2 = \left(\dfrac{k}{4EI_2}\right)^{0.25}$；$I_2$ 为箱涵顶板截面惯性矩；其余符号意义同前。

（三）箱涵左侧墙载常数

坝下箱涵左侧墙为受向左方向作用的梯形分布内水压力荷载两端固定弹性地基梁，其计算简图如图 4-3 所示。

由弹性地基梁受梯形分布荷载作用下的初参数变位解，且注意到剪力 $\overline{Q}_{CA}$ 以指向地基

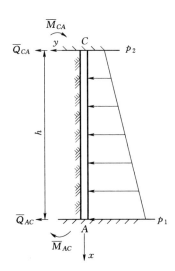

图 4-3　坝下箱涵左侧墙计算简图

方向为正，于是有箱涵左侧墙挠度计算式：

$$y = \overline{y}_{CA} \cdot \phi_1 + \overline{Q}_{CA} \frac{1}{\beta_3} \cdot \phi_2 - \frac{\overline{M}_{CA}}{EI_3\beta_3^2} \cdot \phi_3 + \frac{\overline{Q}_{CA}}{EI_3\beta_3^3} \cdot \phi_4 + \frac{p_2}{k} \cdot (1-\phi_1) + \frac{p_1 - p_2}{kh} \cdot \left(x - \frac{1}{\beta_3}\phi_2\right)$$

$$(4-10)$$

式中：β_3 为坝下箱涵侧墙特征系数，$\beta_3 = \left(\dfrac{k}{4EI_3}\right)^{0.25}$；$I_3$ 为箱涵侧墙截面惯性矩；h 为箱涵侧墙计算高度；其余符号意义同前。

由箱涵侧墙顶端边界条件 $y|_{x=0} = \overline{y}_{CA} = 0$ 和 $\theta|_{x=0} = \overline{\theta}_{CA} = 0$，得

$$y = -\frac{\overline{M}_{CA}}{EI_3\beta_3^2} \cdot \phi_3 + \frac{\overline{Q}_{CA}}{EI_3\beta_3^3} \cdot \phi_4 + \frac{p_2}{k} \cdot (1-\phi_1) + \frac{p_1 - p_2}{kh} \cdot \left(x - \frac{1}{\beta_3}\phi_2\right) \quad (4-11)$$

对式（4-11）求导，可得箱涵左侧墙转角方程：

$$\theta = \frac{\mathrm{d}y}{\mathrm{d}x} = -\frac{\overline{M}_{CA}}{EI_3\beta_3} \cdot \phi_2 + \frac{\overline{Q}_{CA}}{EI_3\beta_3^2} \cdot \phi_3 + \frac{4\beta_3 p_2}{k} \cdot \phi_4 + \frac{p_1 - p_2}{kh} \cdot (1-\phi_1) \quad (4-12)$$

利用箱涵左侧墙底端边界条件 $y|_{x=h} = \overline{y}_{AC} = 0$ 和 $\theta|_{x=h} = \overline{\theta}_{AC} = 0$，据式（4-11）、式（4-12），可得箱涵左侧墙顶端内力应满足：

$$\left.\begin{array}{l}\beta_3\overline{M}_{CA} \cdot \phi_3(\beta_3 h) - \overline{Q}_{CA} \cdot \phi_4(\beta_3 h) - \dfrac{EI_3\beta_3^3 p_2}{k} \cdot [1-\phi_1(\beta_3 h)] - \dfrac{EI_3\beta_3^3(p_1-p_2)}{kh} \cdot \left[h - \dfrac{1}{\beta_3}\phi_2(\beta_3 h)\right] = 0 \\[3mm] \beta_3\overline{M}_{CA} \cdot \phi_2(\beta_3 h) - \overline{Q}_{CA} \cdot \phi_3(\beta_3 h) - \dfrac{4EI_3\beta_3^3 p_2}{k} \cdot \phi_4(\beta_3 h) - \dfrac{EI_3\beta_3^2(p_1-p_2)}{kh} \cdot [1-\phi_1(\beta_3 h)] = 0\end{array}\right\}$$

$$(4-13)$$

求解式（4-13），便得箱涵左侧墙顶端载常数：

$$\overline{M}_{CA} = -\frac{p_2}{2\beta_3^2} \cdot \frac{\mathrm{sh}\beta_3 h - \sin\beta_3 h}{\mathrm{sh}\beta_3 h + \sin\beta_3 h} - \frac{p_1 - p_2}{2\beta_3^3 h}\left(\frac{\mathrm{ch}\beta_3 h - \cos\beta_3 h}{\mathrm{sh}\beta_3 h - \sin\beta_3 h} - 2\beta_3 h \cdot \frac{\mathrm{sh}\beta_3 h \cdot \sin\beta_3 h}{\mathrm{sh}^2\beta_3 h - \sin^2\beta_3 h}\right)$$

$$(4-14)$$

$$\overline{Q}_{CA}=-\frac{p_2}{\beta_3}\cdot\frac{\mathrm{ch}\beta_3h-\cos\beta_3h}{\mathrm{sh}\beta_3h+\sin\beta_3h}-\frac{p_1-p_2}{2\beta_3^2h}\left(\frac{\mathrm{sh}\beta_3h+\sin\beta_3h}{\mathrm{sh}\beta_3h-\sin\beta_3h}-2\beta_3h\,\frac{\mathrm{ch}\beta_3h\cdot\sin\beta_3h+\mathrm{sh}\beta_3h\cdot\cos\beta_3h}{\mathrm{sh}^2\beta_3h-\sin^2\beta_3h}\right)$$

$$(4-15)$$

据式（4-12），注意到箱涵左侧墙顶端 C 为初始截面，且侧墙弯矩 M、剪力 Q 与挠度 y 间有关系式 $M=EI_3\dfrac{\mathrm{d}^2y}{\mathrm{d}x^2}$、$Q=-\dfrac{\mathrm{d}M}{\mathrm{d}x}$，于是得

$$M=-\overline{M}_{CA}\cdot\phi_1+\frac{\overline{Q}_{CA}}{\beta_3}\cdot\phi_2+\frac{p_2}{\beta_3^2}\cdot\phi_3+\frac{p_1-p_2}{\beta_3^3h}\cdot\phi_4\quad(x\neq0)\qquad(4-16)$$

$$Q=-4\beta_3\overline{M}_{CA}\cdot\phi_4-\overline{Q}_{CA}\cdot\phi_1-\frac{p_2}{\beta_3}\cdot\phi_2-\frac{p_1-p_2}{\beta_3^2h}\cdot\phi_3\quad(x\neq0)\qquad(4-17)$$

令 $x=h$，据式（4-16）、式（4-17）可求得箱涵左侧墙底端载常数为

$$\overline{M}_{AC}=M\big|_{x=h}=-\overline{M}_{CA}\cdot\phi_1(\beta_3h)+\frac{\overline{Q}_{CA}}{\beta_3}\cdot\phi_2(\beta_3h)+\frac{p_2}{\beta_3^2}\cdot\phi_3(\beta_3h)+\frac{p_1-p_2}{\beta_3^3h}\cdot\phi_4(\beta_3h)$$

$$=\frac{p_2}{2\beta_3^2}\cdot\frac{\mathrm{sh}\beta_3h-\sin\beta_3h}{\mathrm{sh}\beta_3h+\sin\beta_3h}-\frac{p_1-p_2}{2\beta_3^3h}\left[\frac{\mathrm{ch}\beta_3h-\cos\beta_3h}{\mathrm{sh}\beta_3h-\sin\beta_3h}-\beta_3h\frac{\mathrm{sh}^2\beta_3h+\sin^2\beta_3h}{\mathrm{sh}^2\beta_3h-\sin^2\beta_3h}\right]\qquad(4-18)$$

$$\overline{Q}_{AC}=Q\big|_{x=h}=-4\beta_3\overline{M}_{CA}\cdot\phi_4(\beta_3h)-\overline{Q}_{CA}\cdot\phi_1(\beta_3h)-\frac{p_2}{\beta_3}\cdot\phi_2(\beta_3h)-\frac{p_1-p_2}{\beta_3^2h}\cdot\phi_3(\beta_3h)$$

$$=-\frac{p_2}{\beta_3}\cdot\frac{\mathrm{ch}\beta_3h-\cos\beta_3h}{\mathrm{sh}\beta_3h+\sin\beta_3h}+\frac{p_1-p_2}{2\beta_3^2h}\left(\frac{\mathrm{sh}\beta_3h+\sin\beta_3h}{\mathrm{sh}\beta_3h-\sin\beta_3h}-2\beta_3h\cdot\frac{\mathrm{sh}\beta_3h\cdot\mathrm{ch}\beta_3h+\sin\beta_3h\cdot\cos\beta_3h}{\mathrm{sh}^2\beta_3h-\sin^2\beta_3h}\right)$$

$$(4-19)$$

（四）箱涵右侧墙载常数

坝下箱涵右侧墙为受向右方向作用的梯形分布内水压力荷载两端固定弹性地基梁，其计算简图如图 4-4 所示。

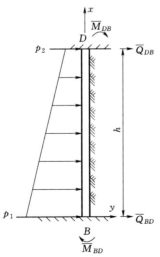

图 4-4　坝下箱涵右侧墙计算简图

类似于坝下箱涵左侧墙载常数的推导，据对称性，可得箱涵右侧墙顶端载常数为

$$\overline{M}_{DB}=-\overline{M}_{CA}=\frac{p_2}{2\beta_3^2}\cdot\frac{\mathrm{sh}\beta_3 h-\sin\beta_3 h}{\mathrm{sh}\beta_3 h+\sin\beta_3 h}+\frac{p_1-p_2}{2\beta_3^3 h}\left(\frac{\mathrm{ch}\beta_3 h-\cos\beta_3 h}{\mathrm{sh}\beta_3 h-\sin\beta_3 h}-2\beta_3\cdot\frac{\mathrm{sh}\beta_3 h\cdot\sin\beta_3 h}{\mathrm{sh}^2\beta_3 h-\sin^2\beta_3 h}\right)$$

$$(4-20)$$

$$\overline{Q}_{DB}=\overline{Q}_{CA}=-\frac{p_2}{\beta_3}\cdot\frac{\mathrm{ch}\beta_3 h-\cos\beta_3 h}{\mathrm{sh}\beta_3 h+\sin\beta_3 h}$$
$$-\frac{p_1-p_2}{2\beta_3^2 h}\left(\frac{\mathrm{sh}\beta_3 h+\sin\beta_3 h}{\mathrm{sh}\beta_3 h-\sin\beta_3 h}-2\beta_3\cdot\frac{\mathrm{ch}\beta_3 h\cdot\sin\beta_3 h+\mathrm{sh}\beta_3 h\cdot\cos\beta_3 h}{\mathrm{sh}^2\beta_3 h-\sin^2\beta_3 h}\right)\qquad(4-21)$$

同样，箱涵右侧墙底端载常数为

$$\overline{M}_{BD}=-\overline{M}_{AC}=-\frac{p_2}{2\beta_3^2}\cdot\frac{\mathrm{sh}\beta_3 h-\sin\beta_3 h}{\mathrm{sh}\beta_3 h+\sin\beta_3 h}+\frac{p_1-p_2}{2\beta_3^3 h}\left[\frac{\mathrm{ch}\beta_3 h-\cos\beta_3 h}{\mathrm{sh}\beta_3 h-\sin\beta_3 h}-\beta_3 h\cdot\frac{\mathrm{sh}^2\beta_3 h+\sin^2\beta_3 h}{\mathrm{sh}^2\beta_3 h-\sin^2\beta_3 h}\right]$$

$$(4-22)$$

$$\overline{Q}_{BD}=-\overline{Q}_{AC}=-\frac{p_2}{\beta_3}\cdot\frac{\mathrm{ch}\beta_3 h-\cos\beta_3 h}{\mathrm{sh}\beta_3 h+\sin\beta_3 h}$$
$$+\frac{p_1-p_2}{2\beta_3^2 h}\left(\frac{\mathrm{sh}\beta_3 h+\sin\beta_3 h}{\mathrm{sh}\beta_3 h-\sin\beta_3 h}-2\beta_3\cdot\frac{\mathrm{sh}\beta_3 h\cdot\mathrm{ch}\beta_3 h+\sin\beta_3 h\cdot\cos\beta_3 h}{\mathrm{sh}^2\beta_3 h-\sin^2\beta_3 h}\right)\qquad(4-23)$$

二、坝下箱涵形常数

只与杆件截面尺寸和材料性质有关的常数称为形常数。坝下箱涵各杆件形常数计算式分别推导列述如下。

弹性地基梁无载段挠度方程、转角方程、弯矩方程与剪力方程为式（4－24）～式（4－27）[15]：

$$y=y_0\cdot\phi_1+\theta_0\cdot\frac{1}{\beta}\phi_2-M_0\cdot\frac{1}{EI\beta^2}\phi_3-Q_0\cdot\frac{1}{EI\beta^3}\phi_4\qquad(4-24)$$

$$\theta=-y_0\cdot4\beta\phi_4+\theta_0\cdot\phi_1-M_0\cdot\frac{1}{EI\beta}\phi_2-Q_0\cdot\frac{1}{EI\beta^2}\phi_3\qquad(4-25)$$

$$M=-EI\frac{\mathrm{d}\theta}{\mathrm{d}x}=y_0\cdot4EI\beta^2\phi_3+\theta_0\cdot4EI\beta\phi_4+M_0\cdot\phi_1+Q_0\cdot\frac{1}{\beta}\phi_2\qquad(4-26)$$

$$Q=\frac{\mathrm{d}M}{\mathrm{d}x}=y_0\cdot4EI\beta^3\phi_2+\theta_0\cdot4EI\beta^2\phi_3-M_0\cdot4\beta\phi_4+Q_0\cdot\phi_1\qquad(4-27)$$

可推导出如下弹性地基梁两端转动形常数与移动形常数（图4－5）：

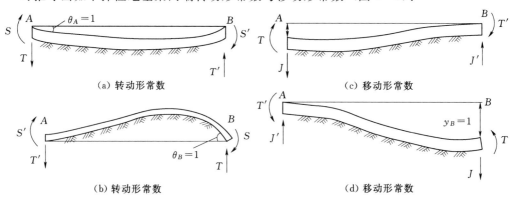

（a）转动形常数　　　　　　　　（c）移动形常数

（b）转动形常数　　　　　　　　（d）移动形常数

图4－5　弹性地基梁形常数计算简图

$$S = 2EI\beta \frac{\mathrm{sh}\beta l \cdot \mathrm{ch}\beta l - \sin\beta l \cdot \cos\beta l}{\mathrm{sh}^2\beta l - \sin^2\beta l}$$

$$S' = 2EI\beta \frac{\mathrm{ch}\beta l \cdot \sin\beta l - \mathrm{sh}\beta l \cdot \cos\beta l}{\mathrm{sh}^2\beta l - \sin^2\beta l}$$

$$T = 2EI\beta^2 \frac{\mathrm{ch}^2\beta l - \cos^2\beta l}{\mathrm{sh}^2\beta l - \sin^2\beta l}$$

$$T' = 4EI\beta^2 \frac{\mathrm{sh}\beta l \cdot \sin\beta l}{\mathrm{sh}^2\beta l - \sin^2\beta l}$$

$$J = 4EI\beta^3 \frac{\mathrm{ch}\beta l \cdot \mathrm{sh}\beta l + \cos\beta l \cdot \sin\beta l}{\mathrm{sh}^2\beta l - \sin^2\beta l}$$

$$J' = 4EI\beta^3 \frac{\mathrm{ch}\beta l \cdot \sin\beta l + \mathrm{sh}\beta l \cdot \cos\beta l}{\mathrm{sh}^2\beta l - \sin^2\beta l}$$

$$(4-28)$$

式中：S 为杆端发生单位转角时的本端弯矩；S' 为杆端发生单位转角时的远端弯矩；J 为杆端发生单位移动时的本端剪力；J' 为杆端发生单位移动时的远端剪力；T 为杆端发生单位转角时的本端剪力或杆端发生单位移动时的本端弯矩；T' 为杆端发生单位转角时的远端剪力或杆端发生单位移动时的远端弯矩；其他符号意义同前。

三、坝下箱涵结点平衡方程组

坝下箱涵地基梁杆件在内水压力荷载 p 作用下，将产生固端弯矩和固端剪力，出现杆端位移（图 4-6），于是据箱涵地基梁杆件载常数与形常数，采用叠加原理，可得箱涵杆件杆端内力计算式为

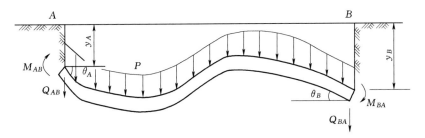

图 4-6 弹性地基梁杆端内力与杆端位移简图

$$\left.\begin{array}{l} M_{AB} = S\theta_A + S'\theta_B + Ty_A - T'y_B + \overline{M}_{AB} \\ M_{BA} = S'\theta_A + S\theta_B + T'y_A - Ty_B + \overline{M}_{BA} \\ Q_{AB} = T\theta_A + T'\theta_B + Jy_A - J'y_B + \overline{Q}_{AB} \\ Q_{BA} = -T'\theta_A - T\theta_B - J'y_A + Jy_B + \overline{Q}_{BA} \end{array}\right\}$$

$$(4-29)$$

式中：M_{AB}、M_{BA}、Q_{AB}、Q_{BA} 为箱涵杆件杆端内力；θ_A、θ_B、y_A、y_B 为箱涵杆件杆端位移；$\overline{M}_{AB}$、$\overline{M}_{BA}$、$\overline{Q}_{AB}$、$\overline{Q}_{BA}$ 为箱涵杆件固端弯矩和固端剪力，即箱涵地基梁杆件载常数。

式（4-29）也称箱涵杆件转角位移方程。

鉴于箱涵结构与荷载关于竖向呈轴对称，于是箱涵结点单位转角存在关系 $\theta_B=-\theta_A=-1\text{rad}$；$\theta_C=-\theta_D=-1\text{rad}$，且结点线位移为零，即 $y_A=y_B=y_C=y_D=0$。从而，据式（4-28）、式（4-29）得箱涵杆件杆端对称转动时的合成形常数：

$$\left.\begin{aligned}\overline{S}_{AB}&=S\theta_A+S'\theta_B=\overline{S}_{BA}=S'\theta_A+S'\theta_B=S-S'=2EI_1\beta_1\frac{\text{ch}\beta_1l+\cos\beta_1l}{\text{sh}\beta_1l+\sin\beta_1l}\\\overline{T}_{AB}&=T\theta_A+T'\theta_B=-\overline{T}_{BA}=-T'\theta_A-T\theta_B=T-T'=2EI_1\beta_1^2\frac{\text{sh}\beta_1l-\sin\beta_1l}{\text{sh}\beta_1l+\sin\beta_1l}\end{aligned}\right\}$$

$$(4-30)$$

有必要指出，箱涵侧墙荷载为非均布荷载，杆端位移不符合对称转动条件，即不满足式（4-30）。

在据式（4-28）得出箱涵杆件 AB、AC、BA、BD、CA、CD、DC、DB 的转角位移方程后，则可分别建立箱涵结点 A、B、C、D 的力矩平衡方程[15]：

$$\sum M_A=0,M_{AB}+M_{AC}=0 \tag{4-31}$$

$$\sum M_B=0,M_{BA}+M_{BD}=0 \tag{4-32}$$

$$\sum M_C=0,M_{CA}+M_{CD}=0 \tag{4-33}$$

$$\sum M_D=0,M_{DC}+M_{DB}=0 \tag{4-34}$$

将箱涵杆件杆端内力计算成果代入式（4-31）～式（4-34），联立求解便可得到箱涵结点的转角与位移。

【例题 4-1】 某水库坝下箱涵采用竖井取水，箱涵坐落于土基上，为 C20 钢筋混凝土结构，混凝土弹性模量 $E_c=2.55\times10^7\text{kPa}$，土基弹性抗力系数 $K=10\times10^3\text{kN/m}^2$。箱涵底板、顶板、侧墙厚均为 $d=0.3\text{m}$，计算宽度 $l=1.5\text{m}$，计算高度 $h=1.9\text{m}$，净空尺寸 $1.2\text{m}\times1.6\text{m}$（宽×高）（图4-7）。底板承受内水压力 $p_1=216\text{kN/m}^2$，顶板承受内水压力 $p_2=200\text{kN/m}^2$。求箱涵在非均匀内水压力作用下的弯矩与剪力。

解： 取单宽箱涵 $b=1.0\text{m}$ 进行计算与分析。

工程实际问题表明，箱涵结构与荷载轴对称，箱涵结点基本未知量只有 θ_A 与 θ_C。下面计算箱涵特征参数。

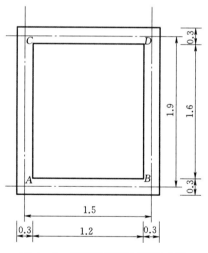

图 4-7　坝下箱涵横剖面尺寸图
（单位：m）

1. 箱涵特征参数

（1）箱涵底板、顶板、侧墙的截面惯性矩 I。

$$I_1=I_2=I_3=I_{AB}=I_{CD}=I_{AC}=\frac{1}{12}bd^3=\frac{1}{12}\times1\times0.3^3=2.25\times10^{-3}(\text{m}^4)$$

（2）箱涵底板、顶板、侧墙的特征参数 β。

$$\beta_1=\beta_2=\beta_3=\beta_{AB}=\beta_{CD}=\beta_{AC}=\left(\frac{K}{4EI}\right)^{0.25}=\left(\frac{10\times10^3}{4\times2.55\times10^7\times2.25\times10^{-3}}\right)^{0.25}=0.4569\left(\frac{1}{\text{m}}\right)$$

于是有

$$\beta_1 l = \beta_2 l = 0.4569 \times 1.5 = 0.6854 ; \beta_3 h = 0.4569 \times 1.9 = 0.8681$$

（3）箱涵底板、顶板、侧墙的形常数。

箱涵底板受均布荷载作用，杆端对称转动，其形常数可将有关参数代入式（4-30）求算，即

$$\overline{S}_{AB} = \overline{S}_{BA} = 2EI_1\beta_1 \frac{\mathrm{ch}\beta_1 l + \cos\beta_1 l}{\mathrm{sh}\beta_1 l + \sin\beta_1 l} = 7.7056 \times 10^4$$

$$\overline{T}_{AB} = -\overline{T}_{BA} = 2EI_1\beta_1^2 \frac{\mathrm{sh}\beta_1 l - \sin\beta_1 l}{\mathrm{sh}\beta_1 l + \sin\beta_1 l} = 0.1873 \times 10^4$$

类似箱涵顶板的形常数为

$$\overline{S}_{DC} = \overline{S}_{CD} = 7.7056 \times 10^4 ; \overline{T}_{DC} = -\overline{T}_{CD} = 0.1873 \times 10^4$$

箱涵侧墙受非均布荷载作用，杆端位移为非对称转动，其顶端、底端形常数分别据式（4-28）中 S、S'、T、T' 计算确定，即

$$S_{CA} = 2EI_3\beta_3 \frac{\mathrm{sh}\beta_3 h \cdot \mathrm{ch}\beta_3 h - \sin\beta_3 h \cdot \cos\beta_3 h}{\mathrm{sh}^2\beta_3 h - \sin^2\beta_3 h} = 12.1450 \times 10^4$$

$$S'_{AC} = 2EI_3\beta_3 \frac{\mathrm{ch}\beta_3 h \cdot \sin\beta_3 h - \mathrm{sh}\beta_3 h \cdot \cos\beta_3 h}{\mathrm{sh}^2\beta_3 h - \sin^2\beta_3 h} = 5.9914 \times 10^4$$

$$T_{CA} = 2EI_3\beta_3^2 \frac{\mathrm{ch}^2\beta_3 h - \cos^2\beta_3 h}{\mathrm{sh}^2\beta_3 h - \sin^2\beta_3 h} = 9.7259 \times 10^4$$

$$T'_{AC} = 4EI_3\beta_3^2 \frac{\mathrm{sh}\beta_3 h \cdot \sin\beta_3 h}{\mathrm{sh}^2\beta_3 h - \sin^2\beta_3 h} = 9.4256 \times 10^4$$

（4）箱涵底板、顶板、侧墙的载常数。

箱涵底板的载常数可将有关参数值代入式（4-6）、式（4-7）求算，即

$$\overline{M}_{AB} = -\overline{M}_{BA} = -\frac{p_1}{2\beta_1} \cdot \frac{\mathrm{sh}\beta_1 l - \sin\beta_1 l}{\mathrm{sh}\beta_1 l + \sin\beta_1 l} = -40.46(\mathrm{kN \cdot m})$$

$$\overline{Q}_{AB} = \overline{Q}_{BA} = -\frac{p_1}{\beta_1} \cdot \frac{\mathrm{ch}\beta_1 l - \cos\beta_1 l}{\mathrm{sh}\beta_1 l + \sin\beta_1 l} = -161.82(\mathrm{kN})$$

类似箱涵顶板的载常数可将有关参数值代入式（4-8）、式（4-9）求算，即有

$$\overline{M}_{DC} = -\overline{M}_{CD} = -37.46(\mathrm{kN \cdot m})$$

$$\overline{Q}_{DC} = \overline{Q}_{CD} = -149.83(\mathrm{kN})$$

箱涵左侧墙顶端的载常数可将有关参数值代入式（4-14）、式（4-15）求算，即有

$$\overline{M}_{CA} = -61.84(\mathrm{kN \cdot m}) ; \overline{Q}_{CA} = -193.94(\mathrm{kN})$$

箱涵左侧墙底端的载常数可将有关参数值代入式（4-18）、式（4-19）求算，即有

$$\overline{M}_{AC} = 62.79(\mathrm{kN \cdot m}) ; \overline{Q}_{AC} = -200.03(\mathrm{kN})$$

2. 箱涵转角位移方程

据式（4-19），并注意到箱涵结点为刚结点，则可分别列出如下箱涵结点 A、C 转角

位移方程：

$$M_{AB} = \overline{S}_{AB}\theta_A + \overline{M}_{AB} = 7.7056 \times 10^4 \theta_A - 40.46$$

$$M_{AC} = S_{AC}\theta_A + S'_{CA}\theta_C + \overline{M}_{AC} = 12.1450 \times 10^4 \theta_A + 5.9914 \times 10^4 \theta_C + 62.79$$

$$M_{CA} = S_{CA}\theta_C + S'_{AC}\theta_A + \overline{M}_{CA} = 12.1450 \times 10^4 \theta_C + 5.9914 \times 10^4 \theta_A - 61.84$$

$$M_{CD} = \overline{S}_{CD}\theta_C + \overline{M}_{CD} = 7.7056 \times 10^4 \theta_C + 37.46$$

3. 箱涵结点平衡方程

据式（4-31）、式（4-33），可列出箱涵结点 A、C 的平衡方程：

$$\sum M_A = 0 : M_{AB} + M_{AC} = 0 \qquad\qquad （例4-1）$$

$$\sum M_C = 0 : M_{CA} + M_{CD} = 0 \qquad\qquad （例4-2）$$

将箱涵转角位移方程中的 M_{AB}、M_{AC}、M_{CA}、M_{CD} 表达式代入式（例4-1）、式（例4-2）得

$$19.8506 \times 10^4 \theta_A + 5.9914 \times 10^4 \theta_C = -22.33 \qquad\qquad （例4-3）$$

$$5.9914 \times 10^4 \theta_A + 19.8506 \times 10^4 \theta_C = 24.38 \qquad\qquad （例4-4）$$

联立求解式（例4-3）、式（例4-4）得 $\theta_A = -1.6455 \times 10^{-4}\,\text{rad}$；$\theta_C = 1.7248 \times 10^{-4}\,\text{rad}$。

4. 箱涵杆端内力

将求得的 θ_A、θ_C 值代入箱涵底板、顶板、侧墙转角位移方程式（4-29）中第1式、第2式，得如下杆端弯矩：

$$M_{AB} = 7.7056 \times 10^4 \times (-1.6455 \times 10^{-4}) - 40.46 = -53.14(\text{kN} \cdot \text{m})$$

$$M_{AC} = 12.1450 \times 10^4 \times (-1.6455 \times 10^{-4}) + 5.9914 \times 10^4 \times 1.7248 \times 10^{-4} + 62.79$$
$$= 53.14(\text{kN} \cdot \text{m})$$

$$M_{CA} = 12.1450 \times 10^4 \times 1.7248 \times 10^{-4} + 5.9914 \times 10^4 \times (-1.6455 \times 10^{-4}) - 61.84$$
$$= -50.75(\text{kN} \cdot \text{m})$$

$$M_{CD} = 7.7056 \times 10^4 \times 1.7248 \times 10^{-4} + 37.46 = 50.75(\text{kN} \cdot \text{m})$$

此外，据转角位移方程式（4-29）中第3式、第4式可求算出箱涵底板、顶板、侧墙杆端剪力：

$$Q_{AB} = \overline{T}_{AB}\theta_A + \overline{Q}_{AB} = 0.1877 \times 10^4 \times (-1.6455 \times 10^{-4}) - 161.82 = -162.13(\text{kN})$$

$$Q_{AC} = -T'_{AB}\theta_C - T_{AC}\theta_A + \overline{Q}_{AC} = -9.4256 \times 10^4 \times 1.7248 \times 10^{-4} - 9.7259 \times 10^4$$
$$\times (-1.6455 \times 10^{-4}) - 200.03 = -199.54(\text{kN})$$

$$Q_{CA} = T_{CA}\theta_C + T'_{AC}\theta_A + \overline{Q}_{CA} = 9.7259 \times 10^4 \times 1.7248 \times 10^{-4} + 9.4256 \times 10^4$$
$$\times (-1.6455 \times 10^{-4}) - 193.94 = -192.67(\text{kN})$$

$$Q_{CD} = \overline{T}_{CD}\theta_C + \overline{Q}_{CD} = -\overline{T}_{DC}\theta_C + \overline{Q}_{CD} = -0.1873 \times 10^4 \times 1.7248 \times 10^{-4} - 149.83$$
$$= -150.15(\text{kN})$$

5. 底板、顶板的跨中弯矩与侧墙最大弯矩

据式（4-26），且注意到箱涵底板有 $y_0 = \overline{y}_{AB} = 0$，$M_0 = M_{AB}$，$Q_0 = -Q_{AB}$，于是得

$$M_{底} = \theta_{AB} \cdot 4EI_1\beta_1\phi_4 + M_{AB} \cdot \phi_1 - Q_{AB} \cdot \frac{1}{\beta_1}\phi_2 - \frac{p_1}{\beta_1^2} \cdot \phi_3 \qquad\qquad （例4-5）$$

其中：$\theta_{AB} = \theta_A = -1.6455 \times 10^{-4} \, \text{rad}$，

$$\theta_{AB} \cdot 4EI_1\beta_1 = (-1.6455 \times 10^{-4}) \times 4 \times 2.55 \times 10^7 \times 2.25 \times 10^{-3} \times 0.4569 = -17.25 (\text{kN} \cdot \text{m})$$

$$M_{AB} = -53.14 (\text{kN} \cdot \text{m}) ; Q_{AB} = -162.13 (\text{kN}),$$

$$Q_{AB} \cdot \frac{1}{\beta_1} = -162.13 \times \frac{1}{0.4569} = -354.85 (\text{kN} \cdot \text{m}) ; p_1 = 216 (\text{kN/m}^2),$$

$$p_1 \cdot \frac{1}{\beta_1^2} = 216 \times \frac{1}{0.4569^2} = 1034.69 (\text{kN} \cdot \text{m})$$

箱涵底板跨中处有：$\beta_1 x = \frac{1}{2}\beta_1 l = \frac{1}{2} \times 0.4569 \times 1.5 = 0.3427$，于是查表得 $\phi_1 = 0.9977$，$\phi_2 = 0.3425$，$\phi_3 = 0.0587$，$\phi_4 = 0.0068$。

将以上计算值与查表值代入式（例 4-5），即得底板跨中弯矩为

$$M_{\text{底中}} = (-17.25) \times 0.0068 - 53.14 \times 0.9977 + 354.85 \times 0.3425 - 1034.69 \times 0.0587$$

$$= 7.66 (\text{kN} \cdot \text{m})$$

据此可知，底板跨中下部受拉。

类似可得箱涵顶板弯矩计算式：

$$M_{\text{顶中}} = \theta_{DC} \cdot 4EI_2\beta_2\phi_4 + M_{DC} \cdot \phi_1 - Q_{DC} \cdot \frac{1}{\beta_2}\phi_2 - \frac{p_2}{\beta_2^2} \cdot \phi_3 \qquad (\text{例 } 4-6)$$

将有关计算值与查表值代入，得

$$M_{\text{顶中}} = 18.09 \times 0.0068 - 50.75 \times 0.9977 + 328.63 \times 0.3425 - 958.05 \times 0.0587$$

$$= 5.81 (\text{kN} \cdot \text{m})$$

据此可知，顶板跨中上部受拉。

箱涵左侧墙受梯形分布荷载作用，类似于式（例 4-5），其弯矩计算式为

$$M_{\text{左侧}} = \theta_{CA} \cdot 4EI_3\beta_3\phi_4(\beta_3 x) + M_{CA} \cdot \phi_1(\beta_3 x) - \frac{Q_{CA}}{\beta_3}\phi_2(\beta_3 x) - \frac{p_2}{\beta_3^2} \cdot \phi_3(\beta_3 x)$$

$$- \frac{p_1 - p_2}{\beta_3^3 h} \cdot \phi_4(\beta_3 x) \qquad (\text{例 } 4-7)$$

将有关参数值与计算值代入，得

$$M_{\text{左侧}} = -50.75\phi_1(\beta_3 x) + 421.69\phi_2(\beta_3 x) - 958.05\phi_3(\beta_3 x) - 70.2\phi_4(\beta_3 x)$$

令 $\dfrac{\text{d}M_{\text{左侧}}}{\text{d}x} = 0$，得 $x = 0.95 \text{m}$ 时，$M_{\text{左侧}}$ 取极值。据 $\beta_3 x = 0.4569 \times 0.95 = 0.4341$，查表有 $\phi_1(\beta_3 x) = 0.9945$，$\phi_2(\beta_3 x) = 0.4336$，$\phi_3(\beta_3 x) = 0.0942$，$\phi_4(\beta_3 x) = 0.0137$，于是得

$$M_{\text{左侧}}^{\max} = -50.75 \times 0.9945 + 421.69 \times 0.4336 - 958.05 \times 0.0942 - 70.2 \times 0.0137$$

$$= 41.16 (\text{kN} \cdot \text{m})$$

据此可知，侧墙跨间中点处墙外侧受拉。

综合以上计算结果，可得弯矩图如图 4-8 所示。

本书采用地下框架结构模型，按左手直角坐标系，协调处理了初参数法分析弹性地基

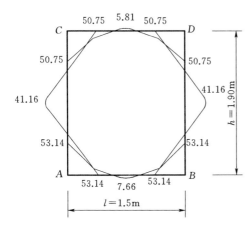

图4-8　坝下箱涵内水压力作用下弯矩图
（单位：kN·m）

梁与位移法建立箱涵杆件转角位移方程二者之间杆端内力、杆端位移的正负号规定，所推导坝下箱涵受非均匀内水压力作用下的内力与变位计算式，使地下框架结构计算不致因这一重要而复杂的内力与变位符号规定问题而出误。工程实例计算成果表明，箱涵底板、顶板与侧墙直角相交处与杆件跨中部位通常为内力计算控制断面，弯矩取极值，特别是侧墙跨中部位外侧有可能与土压力荷载作用下的同向弯矩相叠加而加大结构内力。因此，为增强箱涵结点强度与刚度，消除或减小转角处的应力集中，采取设置贴角、配设构造钢筋及加强侧墙跨中部位配筋等工程结构措施是必要的。此外，尚需指出，计及地基弹性抗力，可降低箱涵杆件最大弯矩值。上述计算方法与所推求解析计算成果可直接应用于水工矩形压力隧洞洞段、矩形竖井与矩形调压室衬砌结构计算。

第三节　坝下箱涵横向内力计算与抗裂验算

为改善坝下箱涵结构内力状况，避免或减小直角转角处的应力集中，坝下箱涵通常在直角转角处设置贴角（贴角尺寸一般为箱涵净宽的$1/12\sim1/8$）。为使工程师对设有贴角的坝下箱涵与未设置贴角的坝下箱涵结构内力分析计算有深入了解，以便在工程设计中把握好这一构造措施，有必要对其内力计算进行比较分析。

一、未设置贴角的坝下箱涵内力计算

坝下箱涵结构内力计算需计算箱涵顶板、侧墙、底板各杆件控制截面的弯矩、轴向力及剪力，其弯矩计算通常采用弯矩分配法。

（一）计算简图

坝下箱涵通常设计为无压涵洞，计算的控制工况为涵洞内无水时的检修期荷载组合。坝下箱涵构件轴线及所受均布荷载计算简图如图4-9所示，图4-9的结点为箱涵各构件轴线的交点；l为箱涵顶板及底板的计算跨度；h为箱涵侧墙计算高度；d_1为底板厚度；d_2为顶板厚度；d_3为侧墙厚度；q_1为底板均布荷载强度；q_2为顶板均布荷载强度；q_3为侧墙顶部处（相应于顶板底面）分布荷载强度；q_4为侧墙底部处（相应于底板顶面）分布荷载强度。荷载符号以指向箱涵内部为正。内力正负号规定如下：杆端弯矩以顺时针转动为正，逆时针转动为负；杆端剪力以对另一端顺时针转动为正，逆时针转动为负；轴向力以压力为正，拉力为负。

图4-9表明，坝下箱涵结构与荷载关于顶板中点C与底板中点D的连线轴对称，从而对称轴上的点C、点D只有竖向位移，没有水平位移和转角。利用对称性，坝下箱涵可取左半结构$CABD$进行内力分析计算（图4-10）。

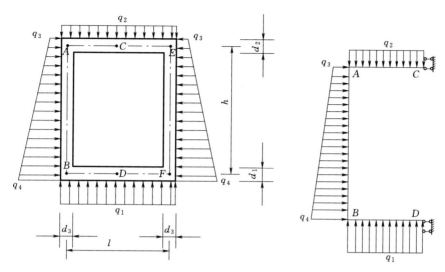

图 4-9　坝下箱涵结构与荷载简图　　　　图 4-10　坝下箱涵计算简图

下面概述对称结构在内力计算中的应用，以简化计算并可校核计算成果的正确性：

（1）对称结构在正对称荷载作用下，只产生正对称的反力、内力和变位，而不会产生反对称的反力、内力和变位。

（2）对称结构在反对称荷载作用下，只产生反对称的反力、内力和变位，而不会产生正对称的反力、内力和变位。

（3）对结构对称而荷载不对称受力系统，可将荷载分解为正对称荷载与反对称荷载，然后利用上述（1）、（2）条分别进行计算，最后将计算成果叠加即可。

（二）计算步骤与计算公式

1. 计算步骤

弯矩分配法是求算结构弯矩的一种数值计算方法，适用于连续梁和无结点线位移的刚架。该方法的要点是采用列表法依序对计算结点及杆端进行弯矩分配与传递，以消除各结点的不平衡弯矩。计算步骤为：①计算结点固端弯矩代数和（结点不平衡弯矩）；②计算杆端弯矩的分配系数；③计算杆端弯矩的传递系数；④计算结点弯矩分配值；⑤计算杆端总弯矩，即将杆端的固端弯矩、分配弯矩及传递弯矩相叠加，便得到该杆端的总弯矩。

计算分配弯矩时，应将结点固端弯矩代数和反号，然后分别乘以各杆端的分配系数，便得到各杆端的分配弯矩。各分配弯矩乘以相应的传递系数则得到杆件远端传递弯矩。

2. 计算公式

（1）固端弯矩计算式：

$$M_{AC}^{F} = -\frac{1}{12} q_2 l^2 \tag{4-35}$$

$$M_{CA}^{F} = -\frac{1}{24} q_2 l^2 \tag{4-36}$$

57

$$M_{BD}^{F} = \frac{1}{12}q_1 l^2 \tag{4-37}$$

$$M_{DB}^{F} = \frac{1}{24}q_1 l^2 \tag{4-38}$$

$$M_{AB}^{F} = \frac{1}{60}(3q_3 + 2q_4)h^2 \tag{4-39}$$

$$M_{BA}^{F} = -\frac{1}{60}(2q_3 + 3q_4)h^2 \tag{4-40}$$

（2）抗弯劲度计算式：

$$K_{AC} = \frac{Ed_2^3}{6l} \tag{4-41}$$

$$K_{BD} = \frac{Ed_1^3}{6l} \tag{4-42}$$

$$K_{AB} = K_{BA} = \frac{Ed_3^3}{3h} \tag{4-43}$$

（3）杆端弯矩的分配系数计算式：

$$\mu_{AC} = \frac{K_{AC}}{K_{AC} + K_{AB}} \tag{4-44}$$

$$\mu_{AB} = \frac{K_{AB}}{K_{AB} + K_{AC}} \tag{4-45}$$

$$\mu_{BA} = \frac{K_{BA}}{K_{BA} + K_{BD}} \tag{4-46}$$

$$\mu_{BD} = \frac{K_{BD}}{K_{BD} + K_{BA}} \tag{4-47}$$

（4）杆端弯矩的传递系数。

据结构力学，各种基本杆件传递系数 C 值为：①对两端固定的杆件，传递系数 $C=1/2$；②对一端固定，一端铰支的杆件，传递系数 $C=0$；③对一端固定，一端为平行双链杆支座的杆件，传递系数 $C=-1$。

于是坝下箱涵内力计算简图（图 4-10）中杆件 AB 向 B 端的传递系数及杆件 BA 向 A 端的传递系数为 $1/2$；杆件 AC 向 C 端的传递系数及杆件 BD 向 D 端的传递系数为 -1。

（三）坝下箱涵跨间最大弯矩计算

1. 坝下箱涵顶板与底板跨间最大弯矩计算

坝下箱涵结构内力计算的控制截面一般为跨间最大弯矩截面及杆端截面。对坝下箱涵内力计算简图 4-10 进行分析，其中结点 A、B 的杆端弯矩计算已在"（二）计算步骤与计算公式"中介绍；结点 C、D 分别为图 4-9 中顶板 AE 与底板 BF 的中点，从而杆端 CA、DB 的弯矩分别为顶板、底板的跨中弯矩；又由对称性知，杆端 CA、DB 的弯矩值即分别为顶板与底板跨间最大弯矩。

2. 坝下箱涵侧墙跨间最大弯矩计算

坝下箱涵侧墙受梯形分布荷载作用，其跨间最大弯矩截面并非跨中截面。下面推求箱涵侧墙跨间最大弯矩截面及其最大弯矩计算解析式。

设坝下箱涵侧墙 AB 的杆端弯矩分别为 M_{AB}、M_{BA}，必须注意，在弯矩分配法与位移法中，杆端弯矩的正负号规则与通常关于弯矩的正负号规则（例如在梁中弯矩以使梁下部纤维受拉力为正）有所不同，具有"双重"规则：①作弯矩图时，将杆端弯矩作为杆件的内力，仍遵守通常的正负号规则（见"一、未设置贴角的坝下箱涵内力计算"）；②取结点（或杆件）作隔离体图时，杆端弯矩是隔离体上的外力，建立隔离体平衡方程时，力矩一律以顺时针转向为正（或逆时针转向为正，由设计人员取定，取定后不得改变），这是为便于建立平衡方程（位移法的基本方程）而规定的。因此，要注意杆端弯矩在不同场合应按相应的正负号规则处理。杆端剪力分别为 Q_{AB}、Q_{BA}（图 4-11），于是有箱涵结点 A、B 的力矩平衡方程 $\sum M_A = 0$，$\sum M_B = 0$。

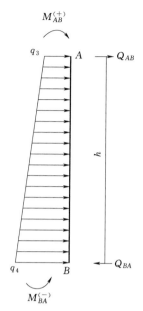

图 4-11 箱涵侧墙 AB 弯矩、剪力计算简图

$$Q_{BA}h + (M_{AB} + M_{BA}) - \frac{1}{2}q_3 h^2 - \frac{1}{3}(q_4 - q_3)h^2 = 0 \qquad (4-48)$$

$$Q_{AB}h + (M_{AB} + M_{BA}) + \frac{1}{2}q_3 h^2 + \frac{1}{6}(q_4 - q_3)h^2 = 0 \qquad (4-49)$$

联立求解式（4-48）、式（4-49），则可得侧墙 AB 的杆端剪力 Q_{AB}、Q_{BA}：

$$Q_{AB} = -\frac{1}{6}(2q_3 + q_4)h - \frac{M_{AB} + M_{BA}}{h} \qquad (4-50)$$

$$Q_{BA} = \frac{1}{6}(q_3 + 2q_4)h - \frac{M_{AB} + M_{BA}}{h} \qquad (4-51)$$

于是侧墙 BA 与结点 B 相距 x 的跨间截面弯矩计算式为

$$M_{BA}^x = M_{BA} + Q_{BA}x - \frac{1}{2}q_4 x^2 + \frac{(q_4 - q_3)x^3}{6h} \qquad (4-52)$$

对式（4-52）求导，且令 $\dfrac{\mathrm{d}M_{BA}^x}{\mathrm{d}x} = 0$，整理后，则可得侧墙 BA 跨间最大弯矩截面位置 x_0（与结点 B 的距离）：

$$x_0 = \frac{q_4 - \sqrt{q_4^2 - \dfrac{2Q_{BA}(q_4 - q_3)}{h}}}{\dfrac{q_4 - q_3}{h}} \qquad (4-53)$$

将式（4-53）代入式（4-52），并注意到 $\dfrac{\mathrm{d}M_{BA}^x}{\mathrm{d}x}\bigg|_{x=x_0} = 0$，可得侧墙 BA 跨间最大弯

矩计算式

$$M_{BA}^{\max} = M_{BA}^x \mid_{x=x_0} = M_{BA} + \frac{1}{2}q_4 x_0^2 - \frac{(q_4-q_3)x_0^3}{3h} \tag{4-54}$$

若对式（4-52）令 $M_{BA}^x = 0$，则得关于 x 的 3 次方程 $\frac{q_4-q_3}{6h}x^3 - \frac{1}{2}q_4 x^2 + Q_{BA}x + M_{BA} = 0$，采用迭代法、卡尔丹公式或三角函数法，可求算出侧墙 BA 跨间截面弯矩零点的相应 x 值。

有必要指出，类似于坝下箱涵侧墙跨间弯矩计算式的推导，只须令 $q_3 = q_4 = q_1$（或 q_2），且将 AB 杆替换为 BF 杆（或 EA 杆），则可分别得到箱涵底板、顶板相应杆端剪力、跨间截面弯矩及跨间最大弯矩与跨间截面弯矩零点位置。

（四）坝下箱涵剪力计算

坝下箱涵顶板杆件 AE 与底板杆件 BF 的荷载及弯矩均关于 CD 轴对称，其杆端剪力 Q_{AE}、Q_{EA}，Q_{BF}、Q_{FB} 可分别按下列计算式求算：

$$Q_{AE} = \frac{1}{2}q_2 l \tag{4-55}$$

$$Q_{EA} = -\frac{1}{2}q_2 l \tag{4-56}$$

$$Q_{FB} = \frac{1}{2}q_1 l \tag{4-57}$$

$$Q_{BF} = -\frac{1}{2}q_1 l \tag{4-58}$$

坝下箱涵侧墙 AB 的杆端剪力 Q_{AB}、Q_{BA} 可据式（4-50）、式（4-51）计算。

（五）坝下箱涵轴向力计算

据坝下箱涵各结点力平衡方程知，箱涵顶板轴向力等于侧墙 A 端剪力；底板轴向力等于侧墙 B 端剪力；箱涵侧墙轴向力，不少设计人员误为侧墙上端轴向力等于顶板 A 端剪力，侧墙下端轴向力等于底板 B 端剪力，于是侧墙有两个轴向力值，这显然与箱涵简化为刚架杆件结构相悖。关于箱涵侧墙轴向力的合理取值，将在［例题4-2］中进行分析介绍。

二、设贴角的坝下箱涵结构内力计算

坝下箱涵直角转角处设置贴角，箱涵各构件杆端 AB、AC、BA、BD 应力状况得到改善，其弯矩值将较箱涵未设贴角时结点处的截面弯矩计算值小。贴角截面段采用边长为 d 的等腰直角三角形，此时，应取贴角直角边起点截面为杆件弯矩计算控制截面（图4-12中的1-1、2-2、3-3、4-4）。

（一）设贴角的坝下箱涵构件弯矩计算[16]

据图4-12，底板（杆件 FB）任一截面的弯矩计算式为

$$M_{FB}^{x_1} = M_{FB} + Q_{FB}x_1 - \frac{1}{2}q_1 x_1^2 \tag{4-59}$$

式中：x_1 为底板计算控制截面距结点 F 的距离；其余符号意义同前。

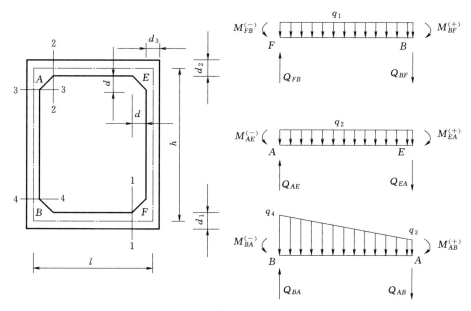

图 4 - 12　设贴角箱涵横断面图及杆件内力计算简图

特别的，当 $x_1=d+\dfrac{d_3}{2}$（图 4 - 12 中 1 - 1 截面）时，则得底板贴角起点截面弯矩值。

顶板（杆件 AE）任一截面的弯矩计算式为

$$M_{AE}^{x_2}=M_{AE}+Q_{AE}x_2-\frac{1}{2}q_2x_2^2 \tag{4-60}$$

式中：x_2 为顶板计算截面距结点 A 的距离；其余符号意义同前。

特别的，当 $x_2=d+\dfrac{d_3}{2}$（图 4 - 12 中 2 - 2 截面）时，则得顶板贴角起点截面弯矩值。

侧墙（杆件 BA）任一截面的弯矩计算式为式（4 - 52）。特别的，令 $x_上=h-\dfrac{d_2}{2}-$

d（图 4 - 12 中 3 - 3 截面）；$x_下=d+\dfrac{d_1}{2}$（图 4 - 12 中 4 - 4 截面）时，则分别得侧墙上贴角起点与下贴角起点距结点 B 为 $x_上$、$x_下$ 相应截面的弯矩值。

（二）设贴角的坝下箱涵剪力、轴向力计算

设贴角的坝下箱涵侧墙的杆端剪力计算式采用前面已介绍的式（4 - 50）、式（4 - 51）；顶板杆端剪力计算式采用式（4 - 55）、式（4 - 56）；底板杆端剪力计算式采用式（4 - 57）、式（4 - 58）。

设贴角坝下箱涵各构件的轴向力计算与未设置贴角坝下箱涵构件轴向力计算方法相同，如"一、（五）"目所述。

三、抗裂验算

（一）横向抗裂验算

坝下箱涵各构件在涵洞内无水工况下属偏心受压构件，在满足承载能力极限状态计算规定后，按下式进行横向抗裂验算[17]：

$$N_k \leqslant \frac{\gamma_m \alpha_{ct} f_{tk} A_0 W_0}{e_0 A_0 - W_0} \tag{4-61}$$

式中：N_k 为按荷载标准值计算的轴向力值；α_{ct} 为混凝土拉应力限制系数，对荷载效应的标准组合，α_{ct} 可取为 0.85；f_{tk} 为混凝土轴心抗拉强度标准值；γ_m 为截面抵抗矩塑性系数，按《水工混凝土结构设计规范》（SL 191—2008）附录 C 采用；e_0 为轴向力对截面重心的偏心距；A_0 为换算截面面积，$A_0 = A_c + \alpha_E A_s + \alpha_E A_s'$；$\alpha_E$ 为钢筋弹性模量与混凝土弹性模量的比值，即 $\alpha_E = \frac{E_s}{E_c}$；$W_0$ 为换算截面受拉边缘的弹性抵抗矩，$W_0 = \frac{I_0}{h - y_0}$；$h$ 为截面全高；y_0 为换算截面重心至受压边缘的距离，即

$$y_0 = \frac{A_c y_c' + \alpha_E A_s h_0 + \alpha_E A_s' a_s'}{A_c + \alpha_E A_s + \alpha_E A_s'} \tag{4-62}$$

式中：A_c 为混凝土截面面积；A_s、A_s' 为受拉、受压钢筋截面面积；I_0 为换算截面对其重心轴的惯性矩，即

$$I_0 = I_c + A_c(y_0 - y_c')^2 + \alpha_E A_s(h_0 - y_0)^2 + \alpha_E A_s'(y_0 - a_s')^2 \tag{4-63}$$

式中：h_0 为截面的有效高度，$h_0 = h - a_s$；a_s、a_s' 为纵向受拉钢筋、受压钢筋合力点到截面最近边缘的距离；I_c 为混凝土截面对其本身重心轴的惯性矩；y_c' 为混凝土截面重心至受压边缘的距离。

坝下箱涵混凝土在开裂前，钢筋与混凝土变形协调，由混凝土的极限拉伸值 $\varepsilon_{cmax} = 1 \times 10^{-4} \sim 1.5 \times 10^{-4}$，则得相应钢筋应力 $\sigma_s = E_s \varepsilon_s = E_s \varepsilon_{cmax} = (1 \times 10^{-4} \sim 1.5 \times 10^{-4}) \times 2.0 \times 10^5 = 2 \times 10^4 \sim 3 \times 10^4 (kPa)$。显见，对有抗裂要求的结构，钢筋总是处于低应力状态与混凝土联合承载。因此，采用增配钢筋以期解决坝下箱涵构件混凝土抗裂问题是不合理的，应采用加大箱涵构件厚度，提高箱涵构件混凝土强度等级等工程措施来满足坝下箱涵结构的抗裂设计要求。

（二）结点构造

（1）消除箱涵转角处应力集中，对某些有特殊要求的箱涵工程，内侧做成圆弧形，应力集中现象将更趋缓和。但虑及圆弧贴角施工不便，对一般箱涵工程，仍采用斜面贴角为宜。

（2）箱涵转角结点构造是闭合框架结构中的一个重要问题，设计时应保证其具有足够的强度和刚度。在构造上应保证箱涵侧墙与顶板、底板之间具有可靠的连接，侧墙与顶板、底板所布设钢筋应相互贯穿节点并满足锚固长度要求，且配设斜筋。

【例题 4-2】 某水库工程实例，坝下无压箱涵以上坝体填土高度 $H_d = 12.4m$，钢筋混凝土箱涵净空尺寸为 0.8m×1.2m（宽×高），箱涵顶板、底板、侧墙厚度为 0.2m，混凝土强度等级为 C25，轴心抗拉强度 $f_{tk} = 1.78MPa$。横向顶板上层配筋为 Φ12@150，下层配筋 Φ16@100；底板上层配筋为 Φ16@100，下层配筋 Φ16@120；侧墙内、外层配筋均为 Φ12@150；箱涵纵向内、外层配筋均为 Φ8@150。坝体填土与箱涵壁间的摩擦系数 $f = 0.25$，坝体土内摩擦角 $\varphi = 21°$，容重 $\gamma = 18kN/m^3$。计算箱涵内力，验算结构横向是

否满足抗裂要求。

解：该水库坝下箱涵为无压涵洞，结构的计算控制工况为箱涵无水时受土压力及结构自重作用的荷载组合。箱涵最大作用荷载为坝顶部位，坝顶以下的箱涵横断面为计算控制截面。箱涵顶板、底板计算跨度 $l=1.0\text{m}$，侧墙计算高度 $h=1.4\text{m}$。由于 $\delta/l=1/5$，严格地说，该坝下箱涵已属厚壁箱涵，精确计算需考虑剪切变形和刚域影响，采用弹性理论求算，但实用上为简化计算，仍采用结构力学弯矩分配法求算其内力。

1. 内力计算

（1）荷载计算（取箱涵单位长 1.0m 进行计算）。

1）作用于箱涵顶板的垂直均布荷载强度 q_2 计算。箱涵顶板所受均布荷载强度 q_2 为均布垂直土压力与顶板自重之和，即有

$$q_2 = k_s \gamma H_d + \gamma_c d_2$$

根据地基类别及比值 $\dfrac{H_d}{l+d_3}$，由《水工建筑物荷载设计规范》（SL 744—2016）图 9.2.1 查得垂直土压力系数 $k_s=1.12$；γ_c 为钢筋混凝土的容重，$\gamma_c=25\text{kN/m}^3$。经计算得

$$q_2 = 1.12 \times 18 \times 12.4 + 25 \times 0.2 = 254.98 (\text{kN/m})$$

2）作用于侧墙顶部的水平分布荷载强度 q_3 计算：

$$q_3 = \gamma(H_d+d_2)\tan^2(45°-\varphi/2) = 18 \times (12.4+0.2) \times \tan^2(45°-21°/2) = 107.13(\text{kN/m})$$

3）作用于侧墙底部的水平分布荷载强度 q_4 计算：

$$q_4 = \gamma(H_d+d_2+h)\tan^2(45°-\varphi/2) = 18 \times (12.4+0.2+1.4) \times \tan^2(45°-21°/2)$$
$$= 119.04(\text{kN/m})$$

4）作用于底板的垂直均布荷载强度 q_1 计算。

箱涵底板具双重结构功能：既是箱涵结构组成杆件，又是箱涵结构基础，作为箱涵的基础，底板由于地基的反力而产生内力。因此，为了计算基础的内力，就必须先计算地基反力。在计算地基反力时，有两种不同的计算值：一种是由上部杆件结构传下来的荷载在地基中产生的反力，称为地基净反力，在计算基础的内力时，须采用这种反力值；另一种是由杆件结构传下来的荷载加上基础自重和压在基础上的水重、土重的总荷载使地基产生的反力，称为地基毛反力。在验算地基强度（承载能力）时，须采用这种反力值。通常认为仅由建筑物基础顶面标高以上部分下传的荷载所产生的地基反力为地基净反力。有必要指出，在进行建（构）筑物基础的内力计算与结构设计时，常用到净反力，因为基础自重与涵内水重恰好与其自重和水重产生的地基反力相抵，对基础本身不产生内力。

据上所述，底板自重与其产生的地基反力相抵消，于是作用于底板底面的垂直均布荷载强度为顶板垂直均布荷载强度与侧墙沿底板计算跨度均化后的自重强度所产生的地基反力之和，即

$$q_1 = q_2 + \frac{2\gamma_c d_3 h}{l+d_3} = 254.98 + \frac{2 \times 25 \times 0.2 \times 1.4}{1.2} = 266.65(\text{kN/m})$$

（2）固端弯矩。

$$M_{AC}^F = -\frac{1}{12}q_2 l^2 = -\frac{1}{12} \times 254.98 \times 1^2 = -21.25(\text{kN·m})$$

$$M_{CA}^{F} = -\frac{1}{24}q_2 l^2 = -\frac{1}{24} \times 254.98 \times 1^2 = -10.62(\text{kN} \cdot \text{m})$$

$$M_{BD}^{F} = \frac{1}{12}q_1 l^2 = \frac{1}{12} \times 266.65 \times 1^2 = 22.22(\text{kN} \cdot \text{m})$$

$$M_{DB}^{F} = \frac{1}{24}q_1 l^2 = \frac{1}{24} \times 266.65 \times 1^2 = 11.11(\text{kN} \cdot \text{m})$$

$$M_{AB}^{F} = \frac{1}{60}(3q_3 + 2q_4)h^2 = \frac{1}{60}(3 \times 107.13 + 2 \times 119.04) \times 1.4^2 = 18.28(\text{kN} \cdot \text{m})$$

$$M_{BA}^{F} = -\frac{1}{60}(2q_3 + 3q_4)h^2 = -\frac{1}{60}(2 \times 107.13 + 3 \times 119.04) \times 1.4^2 = -18.67(\text{kN} \cdot \text{m})$$

（3）抗弯劲度。

$$K_{AC} = \frac{E_c d_2^3}{6l} = \frac{0.2^3 \times E_c}{6 \times 1} = 1.33333 \times 10^{-3} E_c$$

$$K_{BD} = \frac{E_c d_1^3}{6l} = \frac{0.2^3 \times E_c}{6 \times 1} = 1.33333 \times 10^{-3} E_c$$

$$K_{AB} = K_{BA} = \frac{E_c d_3^3}{3h} = \frac{0.2^3 \times E_c}{3 \times 1.4} = 1.90476 \times 10^{-3} E_c$$

（4）杆端弯矩的分配系数。

$$\mu_{AC} = \frac{K_{AC}}{K_{AC} + K_{AB}} = \frac{1.33333 \times 10^{-3} E_c}{1.33333 \times 10^{-3} E_c + 1.90476 \times 10^{-3} E_c} = 0.4118$$

$$\mu_{AB} = \frac{K_{AB}}{K_{AB} + K_{AC}} = 0.5882$$

$$\mu_{BA} = \frac{K_{BA}}{K_{BA} + K_{BD}} = 0.5882$$

$$\mu_{BD} = \frac{K_{BD}}{K_{BD} + K_{BA}} = 0.4118$$

（5）杆端弯矩的传递系数。

杆件 AB 向 B 端的传递系数及杆件 BA 向 A 端的传递系数为 $1/2$；杆件 AC 向 C 端的传递系数及杆件 BD 向 D 端的传递系数为 -1。

（6）结点杆端弯矩计算。

采用弯矩分配法，列表计算坝下箱涵结点杆端弯矩值（表 4-1）。

表 4-1　　　　　　　　　坝下箱涵结点杆端弯矩计算表

结点	D	B		A		C
杆端	DB	BD	BA	AB	AC	CA
抗弯劲度 K		$1.33333 \times 10^{-3} E_c$	$1.90476 \times 10^{-3} E_c$	$1.90476 \times 10^{-3} E_c$	$1.33333 \times 10^{-3} E_c$	
分配系数 μ		0.4118	0.5882	0.5882	0.4118	
传递系数 C		-1	0.5	0.5	-1	

结点	D	B		A		C
固端弯矩 M^F /(kN·m)	11.11	22.22	−18.67	18.28	−21.25	−10.62
结点不平衡弯矩分配与传递	1.8218		0.874	←−1.747　　1.223→		−1.223
		←−1.8218　−2.6022→		−1.3011		
	0.1576		0.3827	←−0.7653　0.5358→		−0.5358
		←−0.1576　−0.2251→		−0.1126		
	0.0136		0.0331	←−0.0662　0.0464→		−0.0464
		←−0.0136　−0.0195→		0.0098		
				0.0058　0.0040→		−0.0040
杆端弯矩 M /(kN·m)	13.103	20.227	−20.227	19.441	−19.441	−12.429

（7）侧墙跨间最大弯矩计算。

据式（4-50）、式（4-51），计算得杆端剪力：

$$Q_{AB} = -\frac{1}{6}(2q_3 + q_4)h - \frac{M_{AB} + M_{BA}}{h}$$

$$= -\frac{1}{6}(2 \times 107.13 + 119.04) \times 1.4 - \frac{1}{1.4}(19.441 - 20.227)$$

$$= -77.21(\text{kN})$$

$$Q_{BA} = \frac{1}{6}(q_3 + 2q_4)h - \frac{M_{AB} + M_{BA}}{h}$$

$$= \frac{1}{6}(107.13 + 2 \times 119.04) \times 1.4 - \frac{1}{1.4}(19.441 - 20.227)$$

$$= 81.11(\text{kN})$$

据式（4-53），可求算得侧墙 BA 跨间最大弯矩截面位置 x_0（与结点 B 的距离）：

$$x_0 = \frac{q_4 - \sqrt{q_4^2 - \dfrac{2Q_{BA}(q_4 - q_3)}{h}}}{\dfrac{q_4 - q_3}{h}}$$

$$= \frac{119.04 - \sqrt{119.04^2 - \dfrac{2 \times 81.11(119.04 - 107.13)}{1.4}}}{\dfrac{119.04 - 107.13}{1.4}}$$

$$= 0.70(\text{m})$$

将所求得 x_0 值代入式（4-54），得侧墙 BA 跨间最大弯矩值：

$$M_{BA}^{\max} = M_{BA} + \frac{1}{2}q_4 x_0^2 - \frac{(q_4 - q_3)x_0^3}{3h}$$

$$= -20.227 + \frac{1}{2} \times 119.04 \times 0.5^2 - \frac{(119.04 - 107.13) \times 0.5^3}{3 \times 1.4}$$

$$= 8.00(\text{kN·m})$$

据式（4-52），令 $M_{BA}^x=0$，可得侧墙 BA 跨间截面弯矩零点位置所满足的关系式为 $x^3-41.979x^2+57.206x-14.266=0$。采用卡尔丹公式可求解得 $x_1=0.327\text{m}$，$x_2=1.073\text{m}$，$x_3=40.578\text{m}$，其中 x_1、x_2 为该工程实例的真解，舍弃 $x_3=40.578\text{m}$ 不合理解。

（8）坝下箱涵剪力计算。

杆件 AE（顶板）剪力：

$$Q_{AE}=\frac{1}{2}q_2l=\frac{1}{2}\times254.98\times1.0=127.49(\text{kN})$$

$$Q_{EA}=-\frac{1}{2}q_2l=-\frac{1}{2}\times254.98\times1.0=-127.49(\text{kN})$$

杆件 BF（底板）剪力：

$$Q_{FB}=\frac{1}{2}q_1l=\frac{1}{2}\times266.65\times1.0=133.33(\text{kN})$$

$$Q_{BF}=-\frac{1}{2}q_1l=-\frac{1}{2}\times266.65\times1.0=-133.33(\text{kN})$$

据前面"（7）侧墙跨间最大弯矩计算"成果，得杆件 AB（侧墙）剪力：

$$Q_{AB}=-77.21(\text{kN});\quad Q_{BA}=81.11(\text{kN})$$

（9）坝下箱涵轴向力计算。

据坝下箱涵各结点力平衡方程，可由杆端剪力求算出杆端轴向力，即顶板轴向力等于侧墙上端剪力；底板轴向力等于侧墙下端剪力；侧墙上、下部位轴向力分别等于顶板及底板板端剪力。顺便提示一下，由于坝下箱涵计算简图简化为刚架杆件结构。因此，侧墙杆件的轴向力只有一个，通常取用顶板板端剪力为侧墙轴向力。

（10）坝下箱涵内力计算成果图。

坝下箱涵杆件控制截面内力计算成果见表 4-2。

表 4-2　　　　　　　　坝下箱涵各杆件控制截面内力计算成果表

杆件内力		顶板	底板	侧墙
弯矩/(kN·m)	跨中	+12.429	+13.103	+8.0
	杆端	-19.441	-20.227	-19.441（上）；-20.227（下）
剪力/kN		127.49	133.33	-77.209（上）；81.11（下）
轴向力/kN		77.209	81.11	127.49

根据内力计算成果，绘制内力图如图 4-13 所示，图中弯矩符号以使洞壁内侧受拉为正，外侧受拉为负；弯矩图画在杆件受拉侧。截面剪力以截面的邻近微段作顺时针转动时取正号，作反时针转动时取负号；正号剪力画在杆件的上方或竖杆的左侧，负号剪力画在杆件下方或竖杆的右侧。轴向力以压力为正，拉力为负；正号轴向力画在杆件的上方或左侧，负号轴向力画在杆件的下方或右侧，必要时也可画在杆件的任何一侧，并须在轴向力图中注明正负号。

2. 配筋计算

坝下箱涵杆件的配筋计算，一般需分别对设计工况下的顶板，底板及侧墙跨间最大弯

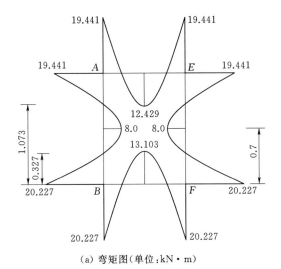

(a) 弯矩图（单位：kN·m）

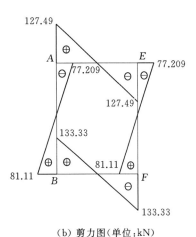

(b) 剪力图（单位：kN）

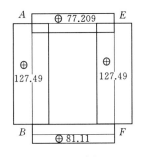

(c) 轴力图（单位：kN）

图 4-13 坝下箱涵内力图

矩截面及杆端（或贴角直角边中点）等控制截面进行计算，具体计算可参考有关教科书或文献资料，不予赘述。

3. 抗裂验算

坝下箱涵受土压力等外荷载作用，其顶板、底板、侧墙一般均属偏心受压构件，采用规范 SL 191—2008 "钢筋混凝土结构构件正常使用极限状态验算" 计算公式进行抗裂验算，下面以坝下箱涵顶板为例介绍抗裂验算公式与方法。

$$N_k = \frac{\gamma_m \alpha_{ct} f_{tk} A_0 W_0}{e_0 A_0 - W_0}$$

式中：γ_m 为截面抵抗矩塑性系数，按规范 SL 191—2008 附录 C 取用，矩形截面 $\gamma_m = 1.55$；α_{ct} 为混凝土拉应力限制系数，对荷载效应的标准组合，可取 $\alpha_{ct} = 0.85$；f_{tk} 为混凝土轴心抗压强度标准值，对 C25 混凝土可取 $f_{tk} = 1.78 \text{N/mm}^2$；$e_0$ 为轴向力对截面重心的偏心距，$e_0 = \dfrac{M_k}{N_k}$，M_k、N_k 为按荷载标准值计算的弯矩值（kN·m）、轴向力值（kN）。

由表 4-2 知 $M_k = 12.429 \text{kN·m}$；$N_k = 77.209 \text{kN}$

$$e_0 = \frac{M_k}{N_k} = \frac{12.429}{77.209} = 0.161 \text{(m)} = 161 \text{(mm)}$$

$A_s = \Phi 16@100$，即 $A_s = 2011\text{mm}^2$

$A_s' = \Phi 12@150$，即 $A_s' = 746\text{mm}^2$

$$\alpha_E = E_s/E_c = \frac{2.0\times10^5}{2.80\times10^4} = 7.143$$

换算截面面积：

$$A_0 = A_c + \alpha_E A_s + \alpha_E A_s' = 219.693(\text{mm}^2)$$

计算换算截面重心至受压边缘的距离：

$$y_0 = \frac{A_c y_c' + \alpha_E A_s h_0 + \alpha_E A_s' \alpha_s'}{A_c + \alpha_E A_s + \alpha_E A_s'}$$

式中：$y_c' = 100\text{mm}$；$h_0 = 167\text{mm}$；$\alpha_s' = 31\text{mm}$，计算得

$$y_0 = 102.71\text{mm}$$

计算换算截面对其重心轴的惯性矩 I_0：

$$I_0 = I_c + A_c(y_0 - y_c')^2 + \alpha_E A_s(h_0 - y_0)^2 + \alpha_E A_s'(y_0 - \alpha_s')^2$$

$$= \frac{1}{12}bh^3 + A_c(y_0 - y_c')^2 + \alpha_E A_s(h_0 - y_0)^2 + \alpha_E A_s'(y_0 - \alpha_s')^2$$

$$= \frac{1}{12}\times1000\times200^3 + 200000\times(102.71-100)^2 + 7.143\times2011$$

$$\times(167-102.71)^2 + 7.143\times746\times(102.71-31)^2$$

$$= 69557\times10^4(\text{mm}^4)$$

$$I_c = \frac{1}{12}bh^3 = \frac{1}{12}\times1000\times200^3 = 66667\times10^4(\text{mm}^4)$$

$$W_0 = \frac{I_0}{h - y_0} = \frac{69557\times10^4}{200 - 102.71} = 7149\times10^3(\text{mm}^3)$$

于是截面边缘的拉应力值：

$$\sigma = \frac{N_k(e_0 A_0 - W_0)}{\gamma_m A_0 W_0} = \frac{77209\times(161\times219693 - 7149\times10^3)}{1.55\times219693\times7149\times10^3}$$

$$= 0.9(\text{N/mm}^2)$$

计算截面边缘的允许拉应力值：

$$[\sigma] = \alpha_{ct} f_{tk} = 0.85\times1.78 = 1.51(\text{N/mm}^2) > \sigma = 0.9\text{N/mm}^2$$

坝下箱涵顶板抗裂满足规范要求。

类似，对坝下箱涵底板，侧墙抗裂验算表明，均满足规范要求。

第四节　坝下箱涵纵向拉力计算与抗裂验算及伸缩缝间距设计

坝下箱涵由于纵向拉应力大于混凝土抗拉极限强度而产生环向裂缝是其常见破坏形态之一，亦即坝下箱涵不进行纵向内力与配筋计算及抗裂验算等结构设计工作，仅按构造配筋的经验设计方法，不能保证结构安全运行。因此，通过对坝下箱涵环向裂缝产生的机理成因分析，建立坝下箱涵环向裂缝与纵向抗裂验算计算方法，不仅很有必要，而且具工程实际意义。

一、坝下箱涵纵向拉力计算

(一) 变温纵向拉力

设坝下箱涵管身净高为 H，净宽为 B，底板厚度为 d_1，顶板厚度为 d_2，侧墙厚度为 d_3（图 4-14）。

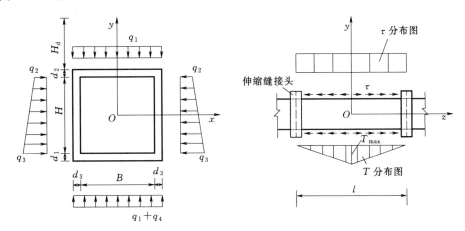

图 4-14　坝下箱涵摩擦力计算简图

降温时，箱涵的纵向拉力为[18]

$$N_t = \left[(H+d_1+d_2)(B+2d_3)-BH\right]\alpha E_c t = \alpha E_c t\left[(B+2d_3)(d_1+d_2)+2Hd_3\right]$$

$$(4-64)$$

(二) 坝体填土与箱涵间摩擦力

当降温引起箱涵产生纵向收缩时，箱涵管壁与坝体填土间的摩擦力将约束管身的纵向变形。设 f 为坝体填土与管壁间的摩擦系数，其取值同第三章第六节。对箱涵在均匀垂直土压力、均匀地基反力、梯形分布侧向土压力、管体自重与管内水重作用下的单位管长摩擦力分别计算如下。

1. 均匀垂直土压力、均匀地基反力作用下的单位管长摩擦力[18]

作用于箱涵顶板均匀垂直土压力强度及作用于箱涵底板均匀地基反力强度为[14]

$$q_1 = k_s \gamma H_d \qquad (4-65)$$

式中：k_s 为垂直土压力系数；其余符号意义同前。

均匀垂直土压力与均匀地基反力联合作用下的单位长箱涵摩擦力为

$$\tau_1 = 2fq_1(B+2d_3) = 2fk_s\gamma H_d(B+2d_3) \qquad (4-66)$$

2. 侧向土压力作用下的单位管长摩擦力

作用于箱涵侧墙顶部（即顶板底面处）的水平土压力强度为

$$q_2 = \gamma(H_d+d_2)\tan^2\left(45°-\frac{\varphi}{2}\right) \qquad (4-67)$$

作用于箱涵侧墙底部（即底板顶面处）的水平土压力强度为

$$q_3 = \gamma(H_d+d_2+H)\tan^2\left(45°-\frac{\varphi}{2}\right) \qquad (4-68)$$

侧向土压力作用下的单位长箱涵摩擦力为

$$\tau_2 = 2 \cdot \frac{1}{2} H f (q_2 + q_3) = 2fH \left(H_d + d_2 + \frac{H}{2} \right) \tan^2 \left(45° - \frac{\varphi}{2} \right) \tag{4-69}$$

3. 箱涵自重及管内水重作用下的单位管长摩擦力

坝下箱涵通常为无压涵管，其管内水重可偏安全考虑，取满管水重计算，于是单位长箱涵自重及管内水重所产生的作用于箱涵底板均布地基反力为

$$q_4 = \gamma_c (d_1 + d_2) + \frac{2\gamma_c d_3 + \gamma_w B}{B + 2d_3} H \tag{4-70}$$

箱涵自重及管内水重作用下的单位长箱涵摩擦力为

$$\tau_3 = fq_4 (B + 2d_3) = f [\gamma_c (d_1 + d_2)(B + 2d_3) + (2\gamma_c d_3 + \gamma_w B)H] \tag{4-71}$$

综上，单位长箱涵总的摩擦力为

$$\tau = \tau_1 + \tau_2 + \tau_3 = f \left[2k_3 \gamma H_d (B + 2d_3) + 2H \left(H_d + d_2 + \frac{H}{2} \right) \tan^2 \left(45° - \frac{\varphi}{2} \right) \right.$$
$$\left. + \gamma_c (d_1 + d_2)(B + 2d_3) + (2\gamma_c d_3 + \gamma_w B)H \right] \tag{4-72}$$

（三）伸缩缝间距内坝下箱涵纵向拉力计算[18]

坝下箱涵纵向最大拉力断面为伸缩缝间距内管身中间对称横断面，同样引进不均匀荷载系数 η，则最大拉力值为

$$T_{max} = \frac{1}{2} \eta \tau l = \frac{1}{2} f \eta l \left[2k_s \gamma H_d (B + 2d_3) + 2H \left(H_d + d_2 + \frac{H}{2} \right) \tan^2 \left(45° - \frac{\varphi}{2} \right) \right.$$
$$\left. + \gamma_c (d_1 + d_2)(B + 2d_3) + (2\gamma_c d_3 + \gamma_w B)H \right] \tag{4-73}$$

式中：η 取值同式（3-143）。

据式（4-73）可得出：坝下箱涵因温度降低而产生的最大横断面摩阻拉力值与伸缩缝间距 l 成正比。

综上计算分析可见，如果坝下箱涵与坝体填土间被动摩擦力产生的横断面最大拉力值小于温度荷载作用下的最大纵向主动拉力值，即 $N_t > T_{max}$ 时，则按摩擦力产生的横断面最大拉应力值控制箱涵横断面允许拉应力；反之，则按温度荷载作用下的纵向拉应力值控制箱涵横断面允许拉应力。由于混凝土抗拉强度较低，因此坝下箱涵伸缩缝间距应控制在一定长度内，避免后一种工况的发生，以使按式（4-73）计算的 T_{max} 所产生的箱涵横断面拉应力处于混凝土抗拉强度允许值范围内。

二、坝下箱涵伸缩缝间距设计与纵向抗裂验算

坝下箱涵产生环向裂缝的主要荷载是降温形成的温度荷载与坝体填土对箱涵变形的约束力，对有抗裂要求的坝下箱涵，应使箱涵拉应力小于混凝土的轴心抗拉极限强度 f_{tk}，即

$$\sigma_z < f_{tk} \tag{4-74}$$

设坝下箱涵混凝土达到抗拉极限强度 f_{tk} 时的轴向合力为

$$N_{ct} = [(B + 2d_3)(d_1 + d_2) + 2Hd_3] f_{tk} \tag{4-75}$$

又当混凝土拉伸变形达到极限拉伸变形 ε_c 时，则有

$$f_{tk} = E_c \varepsilon_c \tag{4-76}$$

由混凝土开裂前坝下箱涵钢筋与混凝土变形协调，可求得钢筋相应应力 σ_s 约为 $2 \times 10^4 \mathrm{kPa}$。设箱涵纵向钢筋横截面面积为 A_s，则钢筋所承受的纵向拉力为

$$N_{st} = A_s \sigma_s \tag{4-77}$$

于是若坝体填土与坝下箱涵间最大摩擦力等于变温荷载作用下的坝下箱涵纵向拉力，则可求出相应伸缩缝最大间距 L_{max}。于是有

$$T_{max} = \alpha_{ct} \{ A_s \sigma_s + [(B + 2d_3)(d_1 + d_3) + 2Hd_3] f_{tk} \} \tag{4-78}$$

式中：α_{ct} 为混凝土拉应力限制系数，对荷载效应的标准组合，α_{ct} 可取 0.85[18]。

将式（4-73）代入式（4-78），可得

$$l\big|_{\sigma_z = f_{tk}} = L_{max} = \alpha_{ct} \{ A_s \sigma_s + [(B + 2d_3)(d_1 + d_2) + 2Hd_3] f_{tk} \} \Big/ \Big\{ \frac{1}{2} f\eta \big[2k_s \gamma H_d (B + 2d_3)$$

$$+ 2H \Big(H_d + d_2 + \frac{H}{2} \Big) \cdot \tan^2 \Big(45° - \frac{\varphi}{2} \Big) + \gamma_c (d_1 + d_2)(B + 2d_3) + (2\gamma_c d_3 + \gamma_w B)H \big] \Big\} \tag{4-79}$$

若坝体填土与坝下箱涵最大摩擦力大于变温荷载作用下的坝下箱涵纵向拉力，则有

$$[(H + d_1 + d_2)(B + 2d_3) - BH] \alpha E_c t_{max} = \alpha_{ct} \{ A_s \sigma_s + [(B + 2d_3)(d_1 + d_2) + 2Hd_3] f_{tk} \} \tag{4-80}$$

据式（4-80），便可求算出坝下箱涵所能承受的最大降温值 t_{max}。

对式（3-150）、式（4-79）进行分析，可得如下结论：

（1）如果坝下涵管的长度小于 L_{max}，则涵管可不设置伸缩缝。

（2）混凝土强度等级提高或结构尺寸增大，相应伸缩缝间距可加大；合理增配纵向温度钢筋与在变截面处、构筑物连接段处加强构造配筋，对提高坝下涵管抗裂能力与限制裂缝开展宽度有一定作用，但囿于混凝土开裂时钢筋应力 $\sigma_s \approx 2 \times 10^4 \mathrm{kPa}$，钢筋只在低应力状态下工作。因此，采用增配钢筋以期来解决坝下涵管的抗裂问题是不经济的，也是不现实的，但往往可减小裂缝开展宽度，甚至裂而不漏，裂而不锈，增强其耐久性，即工程实际运行中的所谓"带裂缝工作"。坝下涵管配筋宜采用内层细密、外层稍稀方式布设。

（3）坝下涵管上覆坝体填土越厚，则涵管所受垂直土压力与侧向土压力越大，相应涵管所设置伸缩缝间距越小。坝体边坡越陡，则不均匀荷载系数 η 值越大，伸缩缝间距越小。

（4）坝下圆管、坝下箱涵净空尺寸越大，伸缩缝间距越小；圆管壁厚或箱涵顶板、底板、侧墙厚度加大，则伸缩缝间距可增大。

（5）坝下涵管外周管壁粗糙不平，则坝体填土与涵管间的摩擦系数 f 值增大，伸缩缝间距应缩短；若坝下涵管外周管壁光滑平顺，则坝体填土与涵管间的摩擦系数 f 值减小，但光滑涵管外周表面不利坝体与涵管接触面的渗流安全，因此伸缩缝间距仅可适当加大。

（6）坝下涵管为抗裂结构，所布设伸缩缝、沉降缝为释放坝下涵管变形能量的一种构造措施，但为薄弱部位，若施工质量不良将成为漏水通道，且难以修补。因此伸缩缝、沉

降缝应满足抗裂要求，止水设施及填缝材料须安全可靠，可设 2 道止水，避免其成为渗流通道，危害大坝安全。为保障坝体与坝下涵管接触面的渗流安全，涵管下游出口段应设置可靠的反滤排水设备。

第五节　坝下涵管沉降缝设置判据

工程界为什么对建筑物裂缝问题如此关注，感兴趣呢？因为建筑物出现裂缝是工程中相当普遍的现象，且其危害性很大，是长期困扰工程设计、施工、运行管理人员的技术难题。各国都有专门的科研机构从事钢筋混凝土在荷载作用下的裂缝的试验研究，并编制有混凝土结构规范对裂缝方面的相应设计作出规定，在工程建设、运行管理中发挥主要作用。但工程实践中的许多裂缝往往是无法用荷载的原因加以解释的，如大体积混凝土坝、混凝土拱坝、混凝土输水涵管、高层建筑地下室等在施工期间出现的早期裂缝，其宽度及数量均随时间的推移而增加，并未出现荷载的变化。人们通过长期观察，发现由于温度（气温、水化热、生产热、太阳辐射等）、湿度（自生收缩、失水收缩、碳化收缩等）、地基变形（膨胀地基、湿陷地基、不均匀地基差异沉降变形等）的变化均会引发结构的裂缝，通常统称为变形变化引起的裂缝问题，而将相应裂缝致因的变温、干缩、不均匀沉陷，分别称为变温荷载、干缩荷载、不均匀沉陷荷载，并统称为"广义荷载"或"第二类荷载"。显见，上述广义荷载及其裂缝问题是正常使用极限状态验算需要面对和研究解决的技术问题之一，而现行规范对这类问题规定得很灵活，往往仅提出一个经验估算值范围，或由设计人员按经验拟定。坝下涵管设置伸缩缝，是为了避免因温度变化和干缩变化引起管身变形裂缝采用的构造措施；而为了避免坝下涵管在地基条件较大差异部位或上部荷载变化明显部位产生管身变形裂缝，常采用的构造措施是设置沉降缝。伸缩缝与沉降缝均为永久性结构缝，统称为变形缝。

对于具体建筑物的沉降缝设置，除遵循上述一般性沉降缝间距设计规定外，常在挖填方分界处、地基纵坡变化处、施工标段分界点、纵断面设计拐折点、结构及钢筋配设变化处、施工方法变化处、地基条件明显差异处、涵管顶部平均覆土厚度差或地基处理深度差超过 3m 处设置分缝，缝间设置可靠止水及填充材料。

囿于现行规范关于沉降缝的设置，只有定性的规定，没有定量的计算分析要求，因此，暂不考虑地基不均匀沉降引起的坝下涵管裂缝计算与相应伸缩缝间距设计问题，仅据混凝土极限拉伸变形值为 $1.0 \times 10^{-4} \sim 1.5 \times 10^{-4}$，给出如下半理论半经验沉降缝设置判定条件，即地基不均匀沉降使坝下涵管结构挠度与计算段长度之比（即相对挠曲）大于 1.0×10^{-4}，便应设置沉降缝。

材料试验表明，混凝土的极限拉应变约为黏性土极限拉应变的 $1/15 \sim 1/20$，可见在达到相同拉应变值时，混凝土将先于土体开裂，而众多土坝裂缝及坝体内或坝体上混凝土建筑物、构筑物不均匀沉降变形裂缝观测资料表明，这一沉降缝设置界定判据在工程实际应用中一般是可行的。

【例题 4-3】　某水库坝下箱涵以上坝体填土高度为 20.0m，混凝土箱涵净空尺寸为 1.2m×1.6m（宽×高），箱涵顶板、底板、侧墙厚度为 0.25m，混凝土强度等级为 C20，

轴心抗拉强度 $f_{tk}=1.54\text{MPa}$，横向内、外层配筋均为 $\Phi 14@150\text{mm}$，纵向内、外层配筋均为 $\Phi 10@210\text{mm}$。坝体填土与箱涵壁间的摩擦系数 $f=0.25$，坝体土内摩擦角 $\varphi=21°$，容重 $\gamma=18\text{kN/m}^3$，不均匀荷载系数 $\eta=1.5$，坝下箱涵垂直土压力系数 $k_s=1.02$，伸缩缝间距采用 $L=12.0\text{m}$。

经计算，$k_t=0.4724$，$q_1=343.0\text{kPa}$，$q_2=158.84\text{kPa}$，$q_3=170.06\text{kPa}$，$q_4=35.56\text{kPa}$，$A_s=943\text{mm}^2$，$\sigma_s=2\times10^4\text{kPa}$，$T_{\max}=2560\text{kN}$，$L_{\max}=10\text{m}$。

综上可见，该水库坝下箱涵伸缩缝间距采用 12.0m，不满足抗裂要求，宜采用 $[L]=8.5\text{m}$。事实上，水库工程大坝安全鉴定现场检查发现，该水库坝下箱涵存有贯穿性环向裂缝，且伴有坝体细粒土析出。

第五章 坝内埋管和架空梁式圆管结构计算及莫尔-库仑屈服准则与应力符号约定适配性研究

第一节 概　　述

混凝土重力坝坝内埋管为常用输泄水建筑物，坝体孔洞的存在使坝体结构的连续性受到影响，局部扰动了坝内原有应力分布状态，从而产生不利于坝体结构的应力集中现象或出现拉应力问题，如处理不当，在温度、水压和自重等荷载联合作用下，有可能引发坝体孔口裂缝，削弱坝体结构的整体性。本章将坝内埋管视作钢管、钢筋层和坝体混凝土组成的多层厚壁圆管复合式联合承载结构，研究其孔口应力计算，并给出各结构层应力计算公式及坝体混凝土结构层开裂判据。

另外，考虑到现行架空梁式圆管结构横向内力计算采用传统的方法求算，无法全面反映架空圆管结构材料的物理力学参数与几何参数的影响，本章改而采用弹性力学圆弧曲梁计算模型，给出了架空梁式圆管在自重和满管水重并计及截面剪力作用下的横向结构内力与变位解析计算式。

此外，本章还探究了莫尔-库仑屈服准则的应力不变量表达式，塑性流动剪胀角参数表达式与应力符号约定，大、小主应力顺序间的关联适配性，从理论上揭示了莫尔-库仑屈服准则采用岩土力学应力符号约定与采用弹性力学数值计算应力符号约定不同表达式间的内在联系。

为使读者对本章内容有进一步的了解，分节予以列述。

第二节 坝内埋管应力计算[19]

混凝土重力坝坝内埋管由于所处坝体部位及承担的工程任务，要求绝对安全可靠。其结构计算主要是确定钢管壁厚 δ_1、配筋 δ_3 及坝体混凝土厚度与强度等级。计算中可将钢管和混凝土均视作均质弹性体，采用平面应变的轴对称多层厚壁圆管弹性理论接触问题求解，钢筋混凝土中的钢筋按截面积相等原则折算为连续的钢筋层圆管。

有必要指出，现行《水电站压力钢管设计规范》（SL 281—2017）（以下简称《规范》）推荐的计算方法不是弹性理论精确解法，而是近似法，且存在如下几个值得商榷的问题。

（1）在应力计算公式推导中，《规范》将内衬钢管按材料力学薄壁圆管处理，假定在整个钢管圆环断面上径向应力 $\sigma_r=0$；但在考虑钢管与混凝土接触应力时，又认为混凝土分担的内水压力是由钢管传递来的，从而在钢管外壁径向应力必不等于零，于是计算理论与计算模型不尽适配。

（2）《规范》介绍的计算公式，没有考虑混凝土只存在第一开裂区（即钢筋保护层混凝土开裂），不存在第二开裂区（参见图 5-1）这一设计工况，显然是一欠缺。

（3）在计算钢管冷缩缝隙 Δ_1 时，采用[20]以下公式：

$$\Delta_1 = (1 + \mu_s) \alpha \Delta t r_0 \qquad (5-1)$$

式中：r_0 为钢管内半径；Δt 为钢管计算温降；α 为钢材线膨胀系数；μ_s 为钢材泊松比。

式（5-1）是在视 Δt 为常数、钢管为无限长圆管的假设下导得的，而实际上，钢管是一有限长圆管，根据热弹性理论，Δ_1 应为[11]

$$\Delta_1 = \alpha \Delta t r_0 \qquad (5-2)$$

（4）《规范》给出，当坝内埋管混凝土相对开裂深度 $\psi \leqslant \dfrac{r_0}{r_5}$ 时，表示混凝土未开裂，与计算模型不相匹配。

（5）《规范》介绍的简化近似计算公式，由于受假设的局限，不可能给出误差估计表达式，从而工程设计人员对所得结果的精度无法进行定量评估。

（6）本节算例表明，《规范》推荐的混凝土开裂近似判别式有时无解，从而不是恒有效的。

注意到《规范》推荐方法存有的缺陷，本节严格地采用弹性理论，给出了坝内埋管混凝土、折算钢筋层和钢管的应力计算式及混凝土层开裂新判据。所得结果属精确解，采用《规范》给定的假设简化条件，可导得其所推荐的计算公式。

一、高压管道结构计算[19]

下面就《规范》给定的"混凝土部分开裂，仍参加承载""混凝土已裂穿，不参加承载""混凝土未开裂"3 种设计控制工况分别推导相应坝内埋管结构计算公式。

（一）混凝土部分开裂，与钢管、折算钢筋层联合承载

坝内埋管在直管道部分属轴对称平面应变问题，其计算简图取为 5 层厚壁圆管接触问题（图 5-1）：钢管、混凝土第一开裂区、折算钢筋层、混凝土第二开裂区、混凝土完整区。混凝土开裂区不能承受环向拉力，只能传递径向应力；完整区混凝土能承受一定拉应力，但须在混凝土容许拉应力 $[\sigma_{cl}]$ 之内。

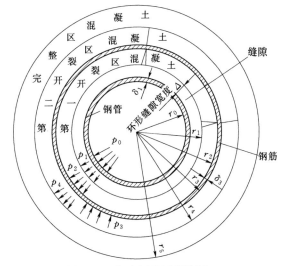

图 5-1 坝内埋管计算简图

1. 内衬钢管的应力、位移

内衬钢管可视作受内水压力 p_0 和钢管与第一开裂区混凝土接触压力 p_1 联合作用的厚壁圆管，其应力、位移计算式为

$$\left. \begin{aligned} \sigma_r &= \frac{p_0 r_0^2 - p_1 r_1^2}{r_1^2 - r_0^2} + \frac{r_0^2 r_1^2 (p_1 - p_0)}{r_1^2 - r_0^2} \cdot \frac{1}{r^2} \\ \sigma_\theta &= \frac{p_0 r_0^2 - p_1 r_1^2}{r_1^2 - r_0^2} - \frac{r_0^2 r_1^2 (p_1 - p_0)}{r_1^2 - r_0^2} \cdot \frac{1}{r^2} \end{aligned} \right\} \quad (r_0 \leqslant r \leqslant r_1) \qquad (5-3)$$

$$u_r = \frac{(1+u_s)(1-2\mu_s)}{E_s} \cdot \frac{p_0 r_0^2 - p_1 r_1^2}{r_1^2 - r_0^2} r - \frac{1+\mu_s}{E_s} \cdot \frac{r_0^2 r_1^2 (p_1 - p_0)}{r_1^2 - r_0^2} \cdot \frac{1}{r} \qquad (5-4)$$

式中：E_s、μ_s 为钢的弹性模量和泊松比；r_1 为混凝土内半径。

r_1 可按下述情况取值：①当计算钢管应力时，取 $r_1 = r_0 + \delta_1 + \Delta$（$\Delta$ 为钢管与混凝土层之间的缝隙值）；②当计算混凝土分担的内水压力、混凝土裂缝深度、混凝土和钢筋应力时，为安全计，取 $\Delta = 0$。

2. 完整区混凝土应力和位移

完整区混凝土可视作在内半径 r_4 处受有内压力 p_4 作用的厚壁圆管（图 5-1），其应力、位移表达式为

$$\left. \begin{aligned} \sigma_r &= -\frac{r_4^2(r_5^2 - r^2)}{r^2(r_5^2 - r_4^2)} p_4 \\ \sigma_\theta &= \frac{r_4^2(r_5^2 + r^2)}{r^2(r_5^2 - r_4^2)} p_4 \end{aligned} \right\} \quad (r_4 \leqslant r \leqslant r_5) \qquad (5-5)$$

$$u_r = \frac{(1+\mu_c) p_4 r_4^2}{E_c(r_5^2 - r_4^2) r} \left[(1-2\mu_c) \cdot r^2 + r_5^2 \right] \qquad (5-6)$$

由限制裂缝开展条件，完整区混凝土内壁环向应力应等于混凝土容许拉应力 $[\sigma_{c\theta}]$，于是据式（5-5）第 2 式可得

$$p_4 = \frac{r_5^2 - r_4^2}{r_5^2 + r_4^2} [\sigma_{c\theta}] \qquad (5-7)$$

3. 第二开裂区混凝土应力和位移

对于开裂区混凝土，环向抗拉强度为零，径向应力为

$$\sigma_r = -\frac{p_4 r_4}{r} \qquad (5-8)$$

据边界条件 $\sigma_r|_{r=r_3} = -p_3$ 及式（5-7），得折算钢筋层外周径向压力为

$$p_3 = \frac{(r_5^2 - r_4^2) r_4 [\sigma_{c\theta}]}{(r_5^2 + r_4^2) r_3} \qquad (5-9)$$

据式（5-6）及式（5-7）可得

$$u_{r_4} = \frac{(1+\mu_c) r_4 [\sigma_{c\theta}]}{E_c(r_5^2 + r_4^2)} \left[(1-2\mu_c) r_4^2 + r_5^2 \right] \qquad (5-10)$$

由弹性理论径向位移方程和平面应变问题的物理方程，可得第二开裂区混凝土位移微分方程

$$\mathrm{d}u_r = \varepsilon_r \mathrm{d}r = \frac{1-\mu_c^2}{E_c} \sigma_r \mathrm{d}r = -\frac{1-\mu_c^2}{E_c} \cdot \frac{p_4 r_4}{r} \mathrm{d}r \qquad (5-11)$$

以完整区混凝土与第二开裂区混凝土在边界上变位连续为微分方程式（5-11）的定解条件，积分整理后得

$$u_r = \frac{(1-\mu_c^2) r_4 (r_5^2 - r_4^2) [\sigma_{c\theta}]}{E_c(r_5^2 + r_4^2)} \ln \frac{r_4}{r} + \frac{(1+\mu_c) r_4 [\sigma_{c\theta}]}{E_c(r_5^2 + r_4^2)} \left[(1-2\mu_c) r_4^2 + r_5^2 \right] \quad (5-12)$$

4. 钢筋层应力和位移

将坝内埋管环向不连续的配筋折算成连续的钢筋层，折算厚度 $\delta_3 = F/b$，其中，F 为

一根环向钢筋的截面积，b 为环向钢筋的间距，折算钢筋层应力、位移表达式分别为

$$\left.\begin{aligned}
\sigma_r &= \frac{p_2 r_2^2 - p_3 r_3^2}{r_3^2 - r_2^2} + \frac{r_2^2 r_3^2 (p_3 - p_2)}{r_3^2 - r_2^2} \cdot \frac{1}{r^2} \\
\sigma_\theta &= \frac{p_2 r_2^2 - p_3 r_3^2}{r_3^2 - r_2^2} - \frac{r_2^2 r_3^2 (p_3 - p_2)}{r_3^2 - r_2^2} \cdot \frac{1}{r^2}
\end{aligned}\right\}
\tag{5-13}$$

$$u_r = \frac{(1+\mu_s)(1-2\mu_s)}{E_s} \cdot \frac{p_2 r_2^2 - p_3 r_3^2}{r_3^2 - r_2^2} r - \frac{1+\mu_s}{E_s} \cdot \frac{r_2^2 r_3^2 (p_3 - p_2)}{r_3^2 - r_2^2} \cdot \frac{1}{r} \tag{5-14}$$

式中：p_2 为折算钢筋层内侧径向压力。

在式（5-12）、式（5-14）中，令 $r = r_3$，由 r_3 处径向位移连续得

$$p_2 = \frac{E_s (r_3^2 - r_2^2)}{2(1-\mu_s^2) r_2^2 r_3} \left\{ \frac{(1-\mu_c^2) r_4 [\sigma_{c\theta}]}{E_c} \cdot \frac{r_5^2 - r_4^2}{r_5^2 + r_4^2} \ln \frac{r_4}{r_3} + \frac{(1+\mu_c) r_4 [\sigma_{c\theta}]}{E_c (r_5^2 + r_4^2)} \right.$$

$$\left. \cdot [(1-2\mu_c) r_4^2 + r_5^2] + \frac{(1+\mu_s)(r_5^2 - r_4^2) r_4 [\sigma_{c\theta}]}{E_s (r_3^2 - r_2^2)(r_5^2 + r_4^2)} [(1-2\mu_s) r_3^2 + r_2^2] \right\} \tag{5-15}$$

5. 第一开裂区混凝土应力、位移

经推导，第一开裂区混凝土应力、位移为

$$\sigma_r = -\frac{p_2 r_2}{r} \tag{5-16}$$

$$u_r = \frac{(1-\mu_c^2) p_2 r_2}{E_c} \ln \frac{r_2}{r} - \frac{2(1-\mu_s^2) r_3 r_4 (r_5^2 - r_4^2) [\sigma_{c\theta}]}{E_s (r_3^2 - r_2^2)(r_5^2 + r_4^2)} r_2 + \frac{1+\mu_s}{E_s}$$

$$\cdot \frac{(1-2\mu_s) r_2^2 + r_3^2}{r_3^2 - r_2^2} p_2 r_2 \tag{5-17}$$

由应力边界条件 $\sigma_r |_{r=r_1} = -p_1$，据式（5-16）可得钢管传至混凝土的内水压力为

$$p_1 = \frac{p_2 r_2}{r_1} \tag{5-18}$$

在式（5-4）、式（5-5）中令 $r = r_1$，据 r_1 处钢管与混凝土变形连续，并考虑到钢管与混凝土间由于变温等荷载作用产生缝隙 Δ 的影响，可得

$$p_2 = \frac{\dfrac{2(1-\mu_s^2) p_0 r_1 r_0^2}{E_s (r_1^2 - r_0^2)} + \dfrac{2(1-\mu_s^2)}{E_s} \cdot \dfrac{r_3 r_4 (r_5^2 - r_4^2)[\sigma_{c\theta}]}{(r_3^2 - r_2^2)(r_5^2 + r_4^2)} r_2 - \Delta}{\dfrac{(1-\mu_c^2) \cdot r_2}{E_c} \ln \dfrac{r_2}{r_1} + \dfrac{1+\mu_s}{E_s} \cdot \dfrac{(1-2\mu_s) \cdot r_1^2 + r_0^2}{r_1^2 - r_0^2} r_2 + \dfrac{1+\mu_s}{E_s} \cdot \dfrac{(1-2\mu_s) \cdot r_2^2 + r_3^2}{r_3^2 - r_2^2} r_2} \tag{5-19}$$

将式（5-19）代入式（5-18），可得钢管传至混凝土的内压力：

$$p_1 = \frac{\dfrac{2(1-\mu_s^2) p_0 r_0^2}{E_s (r_1^2 - r_0^2)} + \dfrac{2(1-\mu_s^2) r_2 r_3 r_4 (r_5^2 - r_4^2)[\sigma_{c\theta}]}{E_s r_1 (r_3^2 - r_2^2)(r_5^2 + r_4^2)} - \dfrac{\Delta}{r_1}}{\dfrac{1-\mu_c^2}{E_c} \ln \dfrac{r_2}{r_1} + \dfrac{1+\mu_s}{E_s} \cdot \dfrac{(1-2\mu_s) r_1^2 + r_0^2}{r_1^2 - r_0^2} + \dfrac{1+\mu_s}{E_s} \cdot \dfrac{(1-2\mu_s) r_2^2 + r_3^2}{r_3^2 - r_2^2}} \tag{5-20}$$

比较式（5-15）、式（5-19）得超越方程：

$$\frac{ADr_4(r_5^2-r_4^2)}{r_5^2+r_4^2}\ln\frac{r_4}{r_3}+\frac{BDr_4\left[(1-2\mu_c)r_4^2+r_5^2\right]}{r_5^2+r_4^2}+(CD-N)\frac{r_4(r_5^2-r_4^2)}{r_5^2+r_4^2}=M-\Delta$$

$$(5-21)$$

其中　　　　　$A=\dfrac{E_s(1-\mu_c^2)(r_3^2-r_2^2)\left[\sigma_{c\theta}\right]}{2E_c(1-\mu_s^2)r_2^2r_3}$　　　　$B=\dfrac{E_s(1+\mu_c)(r_3^2-r_2^2)\left[\sigma_{c\theta}\right]}{2E_c(1-\mu_s^2)r_2^2r_3}$

$$C=\frac{\left[(1-2\mu_s)r_3^2+r_2^2\right]\left[\sigma_{c\theta}\right]}{2(1-\mu_s)r_2^2r_3}$$

$$D=\frac{(1-\mu_c^2)r_2}{E_c}\ln\frac{r_2}{r_1}+\frac{1+\mu_s}{E_s}\cdot\frac{(1-2\mu_s)r_1^2+r_0^2}{r_1^2-r_0^2}r_2+\frac{1+\mu_s}{E_s}\cdot\frac{(1-2\mu_s)r_2^2+r_3^2}{r_3^2-r_2^2}r_2$$

$$M=\frac{2(1-\mu_s^2)p_0r_0^2r_1}{E_s(r_1^2-r_0^2)}\qquad N=\frac{2(1-\mu_s^2)r_2r_3\left[\sigma_{c\theta}\right]}{E_s(r_3^2-r_2^2)}$$

当坝内埋管结构布置和材料给定后，r_0、r_1、r_2、r_3、r_5；E_s、μ_s；E_c、μ_c、$\left[\sigma_{c\theta}\right]$；$p_0$ 均为已知值。于是式（5-21）中的 A、B、C、D、M、N 均可算出，采用逼近法解算超越方程式（5-21），则得第二开裂区混凝土外半径 r_4。将所得 r_4 代入式（5-9）、式（5-19）、式（5-20），可求出 p_3、p_2、p_1。最后，据式（5-3）算出钢管应力，据式（5-13）算出折算钢筋层应力。

（二）混凝土已裂穿，不参加承载

这时，内水压力由钢管与折算钢筋层承担，混凝土层只能传递径向应力，环向抗拉强度为零。有必要指出，理论计算分析与工程原型观测均揭示，坝内埋管所配置钢筋虽不能防止混凝土被拉裂，但可限制裂缝开展和防止或减缓裂缝向深度延伸。因此，对受内水压力作用控制的坝内埋管，配筋是必要的。而内衬钢管则可有效防止压力水沿裂缝内水外渗产生缝隙水压力，防止其对坝体结构安全造成危害。

1. 折算钢筋层应力和位移

此时，$p_3=0$，折算钢筋层应力、位移计算式为

$$\left.\begin{array}{l}\sigma_r=-\dfrac{r_2^2(r_3^2-r^2)}{r^2(r_3^2-r_2^2)}p_2\\[4mm]\sigma_\theta=\dfrac{r_2^2(r_3^2+r^2)}{r^2(r_3^2-r_2^2)}p_2\end{array}\right\}$$

$$(5-22)$$

$$u_r=\frac{(1+\mu_s)(1-2\mu_s)}{E_s}\cdot\frac{p_2r_2^2}{r_3^2-r_2^2}r+\frac{(1+\mu_s)p_2r_2^2r_3^2}{E_s(r_3^2-r_2^2)}\cdot\frac{1}{r}$$

$$(5-23)$$

2. 第一开裂区混凝土应力和位移

第一开裂区混凝土应力、位移计算式为

$$\sigma_r=-\frac{p_2r_2}{r}$$

$$(5-24)$$

$$u_r=\frac{(1-\mu_c^2)p_1r_1}{E_c}\ln\frac{r_2}{r}+\frac{1+\mu_s}{E_s}\cdot\frac{(1-2\mu_s)r_2^2+r_3^2}{r_3^2-r_2^2}p_1r_1$$

$$(5-25)$$

在式（5-4）、式（5-25）中令 $r=r_1$，据 r_1 处钢管与混凝土层接触面变形连续，并考虑到钢管与混凝土层间缝隙 Δ 的影响，有

$$p_1 = \cfrac{\cfrac{2(1-\mu_s^2)p_0 r_0^2}{E_s(r_1^2-r_0^2)} - \cfrac{\Delta}{r_1}}{\cfrac{1-\mu_c^2}{E_c}\ln\cfrac{r_2}{r_1} + \cfrac{1+\mu_s}{E_s}\cdot\cfrac{(1-2\mu_s)r_2^2+r_3^2}{r_3^2-r_2^2} + \cfrac{1+\mu_s}{E_s}\cdot\cfrac{(1-2\mu_s)r_1^2+r_0^2}{r_1^2-r_0^2}} \tag{5-26}$$

若在上式中近似取 $r_1 \approx r_0$，$r_2 \approx r_3$，经简化后便得到《规范》推荐公式：

$$p_1 = \cfrac{p_0 - \cfrac{E_s \Delta \delta_1}{(1-\mu_s^2)r_0^2}}{1 + \cfrac{\delta_1 r_3}{\delta_3 r_0}} \tag{5-27}$$

（三）混凝土未开裂

按照《规范》，虑及钢筋与混凝土变形协调，这时钢筋应力很小，可不作计算，相应计算简图如图 5-2 所示。

1. 内衬钢管应力和位移

这时，钢管的应力、位移仍采用式（5-3）、式（5-4）计算。

2. 完整区混凝土应力和位移

根据图 5-2，完整区混凝土在内半径 r_1 处受有内压力 p_1，其应力、位移表达式分别为

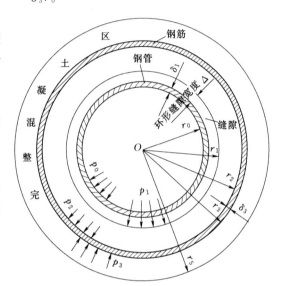

图 5-2 混凝土未开裂坝内埋管计算简图

$$\left. \begin{aligned} \sigma_r &= -\frac{r_1^2(r_5^2-r^2)}{(r_5^2-r_1^2)r^2}p_1 \\ \sigma_\theta &= \frac{r_1^2(r_5^2+r^2)}{(r_5^2-r_1^2)r^2}p_1 \end{aligned} \right\} \tag{5-28}$$

$$u_r = \frac{1+\mu_c}{E_c}\cdot\frac{(1-2\mu_c)r^2+r_5^2}{(r_5^2-r_1^2)r}p_1 r_1^2 \tag{5-29}$$

在式（5-4）、式（5-29）中令 $r=r_1$，注意到钢管与混凝土层之间有缝隙 Δ，据 r_1 处钢管与混凝土层接触面变形连续，于是可得

$$p_1 = \cfrac{\cfrac{2(1-\mu_s^2)p_0 r_0^2}{E_s(r_1^2-r_0^2)} - \cfrac{\Delta}{r_1}}{\cfrac{1+\mu_c}{E_c}\cdot\cfrac{(1-2\mu_c)r_1^2+r_5^2}{r_5^2-r_1^2} + \cfrac{1+\mu_s}{E_s}\cdot\cfrac{(1-2\mu_s)r_1^2+r_0^2}{r_1^2-r_0^2}} \tag{5-30}$$

若近似取 $r_1 \approx r_0$，则据上式便得《规范》推荐公式：

$$p_1 = \cfrac{p_0 - \cfrac{E_s \Delta \delta_1}{(1-\mu_s^2)r_0^2}}{1 + \cfrac{E_s(1-\mu_s^2)\delta_1}{E_c(1-\mu_s^2)r_0}\left(\cfrac{r_5^2+r_0^2}{r_5^2-r_0^2} + \cfrac{\mu_c}{1-\mu_c}\right)} \tag{5-31}$$

进而，据式（5-3）第 2 式、式（5-28）第 2 式，可得 $r_1 \approx r_0$ 时的相应钢管环向应力 $\sigma_{s\theta}$、混凝土最大环向拉应力 $\sigma_{c\theta}$ 分别为

$$\sigma_{s\theta} = \frac{(p_0 - p_1)r_0}{r_1 - r_0} = \frac{(p_0 - p_1)r_0}{\delta_1} \tag{5-32}$$

$$\sigma_{c\theta} = \frac{p_1(r_5^2 + r_0^2)}{r_5^2 - r_0^2} \tag{5-33}$$

式（5-32）、式（5-33）便为《规范》所给出混凝土未开裂工况下的钢管环向应力与混凝土环向应力计算式。

（四）混凝土只存在第一开裂区，无第二开裂区

这时，折算钢筋层参加承载，在式（5-20）中令 $r_4 = r_3$，可得

$$p_1 = \frac{\dfrac{2(1-\mu_s^2)}{E_s}\left\{\dfrac{p_0 r_0^2}{r_1^2 - r_0^2} + \dfrac{r_2 r_3^2(r_5^2 - r_3^2)[\sigma_{c\theta}]}{r_1(r_3^2 - r_2^2)(r_5^2 + r_3^2)} - \dfrac{E_s\Delta}{2(1-\mu_s^2)r_1}\right\}}{\dfrac{1-\mu_c^2}{E_c}\ln\dfrac{r_2}{r_1} + \dfrac{(1+\mu_s)[(1-2\mu_s)r_1^2 + r_0^2]}{E_s(r_1^2 - r_0^2)} + \dfrac{(1+\mu_s)[(1-2\mu_s)r_2^2 + r_3^2]}{E_s(r_3^2 - r_2^2)}} \tag{5-34}$$

据式（5-34）求算 p_1，然后代入式（5-3）、式（5-13），可分别得到钢管应力和折算钢筋层应力。

（五）混凝土开裂情况判别及结构应力计算

据式（5-21）求出 r_4 后，存在以下情况：

（1）若 $r_3 < r_4 < r_5$，混凝土部分开裂，仍参加承载，按式（5-3）～式（5-21）计算坝内埋管结构各部应力。

（2）若 $r_4 = r_5$，混凝土已裂穿，不参加承载，按式（5-22）～式（5-27）计算坝内埋管结构各部应力。

（3）若 $r_4 = r_3$，据式（5-34）求出 p_1，然后代入式（5-28）第 2 式，计算出钢筋保护层混凝土的环向应力 σ_θ，于是有：①当 $\sigma_\theta < [\sigma_{c\theta}]$ 时，混凝土未开裂，按式（5-28）～式（5-32）计算坝内埋管结构各部应力；②当 $\sigma_\theta \geqslant [\sigma_{c\theta}]$ 时，坝内埋管存在第一开裂区混凝土，此时，折算钢筋层参加承载，按式（5-34）、式（5-3）、式（5-13）、式（5-19）等计算结构各部应力。

综上可见，混凝土开裂状况判别，是坝内埋管各部结构圆管层应力计算公式正确选用的关键。下面的推导及［例题 5-1］表明，《规范》给定的判别式显得过于粗糙，有时甚至会出现错误。

事实上，近似取 $r_1 \approx r_0$，$r_2 \approx r_3$，且令 $\psi = \dfrac{r_4}{r_5}$（ψ 称为混凝土相对开裂度），$E_s' = \dfrac{E_s}{1-\mu_s^2}$；$E_c' = \dfrac{E_c}{1-\mu_c^2}$；$\mu_c' = \dfrac{\mu_c}{1-\mu_c}$，并注意到 $r_1 - r_0 = \delta_1$，$r_3 - r_2 = \delta_3$，则式（5-21）可写成

$$\psi\frac{1-\psi^2}{1+\psi^2}\left\{1 + \frac{E_s'\delta_1}{E_c'r_0}\ln\frac{r_3}{r_0} + \frac{E_s'\delta_1\delta_3}{E_c'r_0 r_3}\left(\frac{E_s'}{E_c'}\ln\frac{r_3}{r_0} + \frac{r_0}{\delta_1} + \frac{r_3}{\delta_3}\right)\right.$$
$$\left. \cdot \left[\ln\left(\psi\frac{r_5}{r_3}\right) + \frac{1+\psi^2}{1-\psi^2} + \mu_c'\right]\right\} = \frac{r_0}{r_5[\sigma_{c\theta}]}\left(p_0 - \frac{E_s'\Delta\delta_1}{r_0^2}\right) \tag{5-35}$$

进而忽略 $\psi\dfrac{1-\psi^2}{1+\psi^2}\cdot\dfrac{E'_s\delta_1}{E'_c r_0}\ln\dfrac{r_3}{r_0}\left\{1+\dfrac{E'_s\delta_3}{E'_c r_3}\left[\ln\left(\psi\dfrac{r_5}{r_3}\right)+\dfrac{1+\psi^2}{1-\psi^2}+\mu'_c\right]\right\}$，上式变成

$$\psi\dfrac{1-\psi^2}{1+\psi^2}\left\{1+\dfrac{E'_s\delta_1}{E'_c r_0}\left[1+\dfrac{r_0\delta_3}{r_3\delta_1}\left(\ln\left(\psi\dfrac{r_5}{r_3}\right)+\dfrac{1+\psi^2}{1-\psi^2}+\mu'_c\right)\right]\right\}=\dfrac{r_0}{r_5[\sigma_{c\theta}]}\cdot\left(p_0-\dfrac{E'_s\Delta\delta_1}{r_0^2}\right)$$

$$(5-36)$$

式（5-36）即《规范》介绍的混凝土开裂判别式。比较式（5-21）、式（5-36），后者为近似判别式，前者为精确判别式，而二者解算繁简相同，故用本节所推求的坝体混凝土结构层开裂新判据式（5-21）代替《规范》推荐判别式（5-36）显然是合理的。

【例题 5-1】 某坝内埋管，钢管内半径为 1.5m，内水压力 $p_0=1195$kPa，初算变温等荷载作用产生的总缝隙 $\Delta=0.5$mm，第一开裂区混凝土厚 0.1m，完整区混凝土外半径 $r_5=4.5$m；钢管壁厚 $\delta_1=0.012$m，钢筋层折算厚度 $\delta_3=0.0022$m；$E_c=2.1\times10^7$kPa，$\mu_c=0.167$，$[\sigma_{c\theta}]=500$kPa；$E_s=2.1\times10^8$kPa，$\mu_s=0.3$，$[\sigma]=1.6\times10^5$kPa。于是有 $r_0=1.5$m，$r_1=1.5125$m，$r_2=1.6125$m，$r_3=1.6147$m，$r_5=4.5$m。

解：据式（5-21）求算得 $r_4=2.43$m，相应的 $\psi=0.54$。

若将有关数值代入《规范》推荐判别式（5-36），则得

$$\psi\dfrac{1-\psi^2}{1+\psi^2}\left\{0.1001\times\left[\ln(2.7869\psi)+\dfrac{1+\psi^2}{1-\psi^2}\right]+1.0201\right\}=0.3864$$

以上超越方程无满足任意精度意义上的解，即是说，上式在数学意义上无解。据 $r_4=2.43$m，相应钢管、折算钢筋层内半径处应力见表 5-1。

表 5-1 坝内埋管钢管、钢筋层内半径处应力

应力/kPa	钢管内半径（$r=150$cm）	钢筋层内半径（$r=161.25$cm）
σ_r	-119.5	-427.67
σ_θ	88601	10568

综上计算和分析可得如下结论：

（1）根据坝内埋管工作特点，考虑钢管和混凝土结构层共同承担内水压力是合理的。若内水压力由钢管独立承担，则钢管壁厚由 $\delta_1=\dfrac{p_0 r_0}{[\sigma_\theta]}$ 计算校核（$[\sigma_\theta]$ 为钢管允许应力）。

（2）关于坝内埋管的设置限制条件，可采用混凝土结构层厚度不小于 $0.8D$（D 为钢管内径），且混凝土结构层不出现贯穿性裂缝；及 $DH\leqslant1000$m²（水工界常用设计内压水头 H 和钢管内径 D 的乘积值来反映坝内压力管道的规模）与 $H\leqslant150$m（H 为坝内埋管设计内压水头）。

（3）本节采用弹性理论多层厚壁圆筒接触问题模型，建立了坝内埋管各结构层应力计算方法，给出了相应应力精确解计算式及坝体混凝土结构层开裂新判据，并在简化条件下，导得《规范》所推荐的坝内埋管混凝土层开裂判别计算公式。

（4）本节算例，按《规范》推荐坝内埋管混凝土开裂判别式得到了一个无解超越方程，从而提醒工程师在应用简化条件下的《规范》推荐公式时须慎重。

（5）此外，对具体坝内埋管工程设计，还应进行抗外压稳定计算分析。

第三节　架空梁式圆管横向结构内力计算

输水管道有时须跨越河谷溪沟，但又不便深埋，往往采用架空跨越更为合理，其结构型式类似于横断面为圆筒形的封闭式渡槽。此时，作用于单位管长脱离体上的荷载有管体自重、水重。其内力计算，以往均视圆管横断面为在荷载和反力作用下处于平衡状态的三次超静定环形结构，采用结构力学的弹性中心法列出力法方程，求解出其超静定结构多余力，然后再据圆管截面的静力平衡方程进行内力求算。为此，采用了如下简化处理措施[21]：一是利用结构的对称性，假想从管顶切开，然后用钢臂将切口点与弹性中心点（可证明圆管的弹性中心即为圆心）相连接；二是将切口处的未知力移至弹性中心，列出其力法方程式，求算出未知力，再据静力平衡方程求得圆管任一断面的内力。

显见，利用钢臂进行简化处理，其本质是假定在荷载作用下，圆管顶点无任何相对位移，而这与弹性理论揭示的圆管内力精确解及管顶部位的变形性态是不相协调的，且未能反映圆管材料抗力参数对内力及变形的影响。因此，有必要采用弹性力学圆弧曲梁计算模型，建立自重和满管水重荷载并计及截面剪力作用下的弹性圆弧曲梁控制微分方程，探求架空梁式圆形管道在自重和满管水重作用下的横向结构内力与变位解析计算式。

一、自重与满管水重并计及截面剪力作用下的弹性圆弧曲梁控制微分方程

图 5-3（a）为满管水重荷载及圆管截面剪应力 τ 分布示意图，图 5-3（b）为管体自重与满管水重引起的圆弧曲梁内力计算简图。

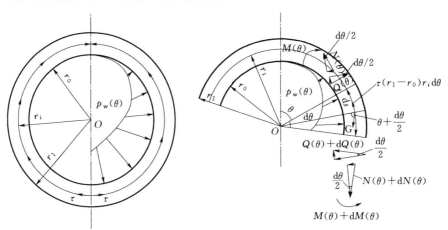

（a）满管水重荷载与截面剪力分布示意图　　（b）自重与满管水重内力计算简图

图 5-3　自重与满管水重引起的内力计算图

r_0—圆管内半径；r_i—圆管平均半径；r_1—圆管外半径；G—自重；$p_w(\theta)$—满管水压力

圆管横向内力计算时沿槽长方向取单位管长按平面问题进行分析，作用于单位长脱离体向下的管体自重、满管水重等荷载与脱离体两侧横截面上的剪力差维持平衡。设 τ 为分布于圆管截面上的剪应力，则 $\tau(r_1-r_0)$ 为沿管体壁厚径向截面上的剪力，按沿圆管壁厚中心线的切线方向向上作用。圆心角为 θ 的断面弯矩为 $M(\theta)$、剪力为 $Q(\theta)$、轴力为

$N(\theta)$。上述各力与圆心角 θ 的正负号约定均以图示方向为正。显见，图 5-3 中满管水重荷载为

$$p_{\mathrm{w}}(\theta)=\gamma_{\mathrm{w}} r_0 (1-\cos\theta) \tag{5-37}$$

式中：γ_{w} 为水的容重。

如图 5-3（b）所示，架空圆管弧段可视作弹性圆弧曲梁。设圆心为坐标原点，圆管材料容重为 γ_{c}。截取微分单元 $r_i \mathrm{d}\theta$，起始断面的弯矩为 $M(\theta)$、剪力为 $Q(\theta)$、轴力为 $N(\theta)$，列出微段的静力平衡方程 $\sum F_r = 0$（沿微段 $\theta + \dfrac{1}{2}\mathrm{d}\theta$ 径向的力平衡方程）、$\sum F_\theta = 0$（沿微段 $\theta + \dfrac{1}{2}\mathrm{d}\theta$ 切线方向的力平衡方程）、$\sum M_O = 0$（对原点 O 的力矩方程），略去二阶微量后有

$$\mathrm{d}Q(\theta)+N(\theta)\mathrm{d}\theta - p_{\mathrm{w}}(\theta)r_0\mathrm{d}\theta + \gamma_{\mathrm{c}}(r_1-r_0)r_i\cos\theta\,\mathrm{d}\theta = 0 \tag{5-38}$$

$$\mathrm{d}N(\theta)-Q(\theta)\mathrm{d}\theta - \tau(r_1-r_0)r_i\mathrm{d}\theta + \gamma_{\mathrm{c}}(r_1-r_0)r_i\sin\theta\,\mathrm{d}\theta = 0 \tag{5-39}$$

$$\mathrm{d}M(\theta)-r_i\mathrm{d}N(\theta)+\tau(r_1-r_0)r_i^2\mathrm{d}\theta - \gamma_{\mathrm{c}}(r_1-r_0)r_i^2\sin\theta\,\mathrm{d}\theta = 0 \tag{5-40}$$

式（5-39）、式（5-40）表明，微元段截面上的剪力 $\tau(r_1-r_0)$ 对切线方向的内力、对原点 O 的力矩，与架空圆管自重荷载产生的切线方向的内力及对原点 O 的力矩方向相反，起抵消作用。因此，计及截面剪力作用的架空圆管管壁厚度可以减薄，即圆管截面上的剪力具减载效应。

令 $\eta_0 = \dfrac{r_0}{r_i}$，$\eta_1 = \dfrac{r_1}{r_i}$，则式（5-38）可改写为

$$\frac{\mathrm{d}Q(\theta)}{\mathrm{d}\theta}+N(\theta)-p_{\mathrm{w}}(\theta)\eta_0 r_i + \gamma_{\mathrm{c}}(\eta_1-\eta_0)r_i^2\cos\theta = 0 \tag{5-41}$$

对式（5-40）从 0 到 θ 积分，整理得

$$N(\theta)=\frac{M(\theta)}{r_i}-\frac{1}{r_i}(M_0-r_iN_0)+\tau(\eta_1-\eta_0)r_i^2\theta - \gamma_{\mathrm{c}}(\eta_1-\eta_0)r_i^2(1-\cos\theta) \tag{5-42}$$

式中：$M_0 = M(\theta)\big|_{\theta=0}$，$N_0 = N(\theta)\big|_{\theta=0}$。

据式（5-39）、式（5-40）可得

$$\frac{\mathrm{d}^2 M(\theta)}{r_i\mathrm{d}\theta^2}=\frac{\mathrm{d}Q(\theta)}{\mathrm{d}\theta} \tag{5-43}$$

将式（5-41）、式（5-42）代入式（5-43），整理后有

$$\frac{\mathrm{d}^2 M(\theta)}{\mathrm{d}\theta^2}=-M(\theta)+(M_0-r_iN_0)+p_{\mathrm{w}}(\theta)\eta_0 r_i^2 - \tau(\eta_1-\eta_0)r_i^3\theta + \gamma_{\mathrm{c}}(\eta_1-\eta_0)r_i^3(1-2\cos\theta) \tag{5-44}$$

对式（5-39）求导，并将式（5-41）代入，化简后有

$$\frac{\mathrm{d}^2 N(\theta)}{\mathrm{d}\theta^2}=-N(\theta)+p_{\mathrm{w}}(\theta)\eta_0 r_i + \tau(\eta_1-\eta_0)r_i^2 - 2\gamma_{\mathrm{c}}(\eta_1-\eta_0)r_i^2\cos\theta \tag{5-45}$$

设架空圆管材料的弹性模量为 E_{c}，圆管计算截面的径向位移为 $W(\theta)$，断面面积为 F，惯性矩为 I，则据结构力学知，截面的径向位移 $W(\theta)$ 与截面内力间有关系式

$$\frac{\mathrm{d}^2 W(\theta)}{\mathrm{d}\theta^2}+W(\theta)=\frac{M(\theta)r_i^2}{E_{\mathrm{c}}I}+\frac{N(\theta)r_i}{E_{\mathrm{c}}F} \tag{5-46}$$

对式（5-46）求导两次，并将式（5-44）、式（5-45）代入，可得径向位移 $W(\theta)$ 应满足的控制微分方程：

$$\frac{\mathrm{d}^4 W(\theta)}{\mathrm{d}\theta^4} + 2\frac{\mathrm{d}^2 W(\theta)}{\mathrm{d}\theta^2} + W(\theta) = \frac{r_i^2}{E_c I}\left[(M_0 - r_i N_0) - \tau(\eta_1 - \eta_0)r_i^3\theta + \gamma_c(\eta_1 - \eta_0)r_i^3\right]$$

$$+ \frac{1}{E_c F}\tau(\eta_1 - \eta_0)r_i^3 + \left(\frac{r_i^2}{E_c I} + \frac{1}{E_c F}\right)$$

$$\cdot \left[p_w(\theta)\eta_0 r_i^2 - 2\gamma_c(\eta_1 - \eta_0)r_i^3\cos\theta\right] \qquad (5-47)$$

将式（5-37）代入式（5-47），并注意到 $r_0 = \eta_0 r_i$，则有

$$\frac{\mathrm{d}^4 W(\theta)}{\mathrm{d}\theta^4} + 2\frac{\mathrm{d}^2 W(\theta)}{\mathrm{d}\theta^2} + W(\theta) = \frac{r_i^2}{E_c I}\left[(M_0 - r_i N_0) - \tau(\eta_1 - \eta_0)r_i^3\theta + \gamma_c(\eta_1 - \eta_0)r_i^3\right]$$

$$+ \frac{1}{E_c F}\tau(\eta_1 - \eta_0)r_i^3 + \left(\frac{r_i^2}{E_c I} + \frac{1}{E_c F}\right)$$

$$\cdot \left[\gamma_w \eta_0^2 r_i^3(1 - \cos\theta) - 2\gamma_c(\eta_1 - \eta_0)r_i^3\cos\theta\right] \qquad (5-48)$$

式（5-48）即为受架空圆管自重、满管水重并计及截面剪力作用下的弹性圆弧曲梁控制微分方程。

二、弹性圆弧曲梁内力与变位计算

微分方程式（5-48）的通解由特解 $W_0(\theta)$ 与基本解 $W_1(\theta)$ 组成，即

$$W(\theta) = W_0(\theta) + W_1(\theta) \qquad (5-49)$$

特解 $W_0(\theta)$ 可利用微分算子法求得[9]。

注意到据微分方程理论有算子多项式 $p(D) = D^4 + 2D^2 + 1 = (D^2 + 1)^2$，其中 $D = \frac{\mathrm{d}}{\mathrm{d}\theta}$；利用辅助方程 $\frac{1}{(D^2+1)^2}\mathrm{e}^{i\theta} = \mathrm{e}^{i\theta}\frac{\theta^2}{(2i)^2 \cdot 2!} = -\frac{1}{8}\theta^2(\cos\theta + i\sin\theta)$，可得

$$\frac{1}{(D^2+1)^2}\cos\theta = -\frac{1}{8}\theta^2\cos\theta$$

于是微分方程式（5-48）的特解为

$$W_0(\theta) = \frac{r_i^2}{E_c I}\left[(M_0 - r_i N_0) - \tau(\eta_1 - \eta_0)r_i^3\theta + \gamma_c(\eta_1 - \eta_0)r_i^3\right] + \frac{1}{E_c F}\tau(\eta_1 - \eta_0)r_i^3$$

$$+ \left(\frac{r_i^2}{E_c I} + \frac{1}{E_c F}\right)\left[\gamma_w \eta_0^2 r_i^3\left(1 + \frac{1}{8}\theta^2\cos\theta\right) + \frac{1}{4}\gamma_c(\eta_1 - \eta_0)r_i^3\theta^2\cos\theta\right] \qquad (5-50)$$

基本解 $W_1(\theta)$ 可由下列特征方程确定[9]：

$$\lambda^4 + 2\lambda^2 + 1 = 0 \qquad (5-51)$$

式（5-51）有二重根 λ_1 与 λ_2：

$$\left.\begin{array}{c}\lambda_1 = i \\ \lambda_2 = -i\end{array}\right\} \qquad (5-52)$$

于是控制微分方程式（5-48）的基本解为

$$W_1(\theta) = c_1\cos\theta + c_2\sin\theta + c_3\theta\cos\theta + c_4\theta\sin\theta \qquad (5-53)$$

据对称性，$W(-\theta) = W(\theta)$ 对任意 θ 成立，可得 $c_1 = 0$、$c_2 = 0$、$c_3 = 0$、$c_4 = 0$，从而得自重与满管水重作用下的架空圆管弹性圆弧曲梁控制微分方程的通解即为其特解，

即有

$$W(\theta)=W_0(\theta)=\frac{r_i^2}{E_cI}\Big[(M_0-r_iN_0)-\tau(\eta_1-\eta_0)r_i^3\theta+\gamma_c(\eta_1-\eta_0)r_i^3\Big]+\frac{1}{E_cF}\tau(\eta_1-\eta_0)r_i^3$$

$$+\left(\frac{r_i^2}{E_cI}+\frac{1}{E_cF}\right)\Big[\gamma_w\eta_0^2r_i^3\Big(1+\frac{1}{8}\theta^2\cos\theta\Big)+\frac{1}{4}\gamma_c(\eta_1-\eta_0)r_i^3\theta^2\cos\theta\Big] \tag{5-54}$$

忽略轴向力产生的切向应变 ε_θ，于是由弹性理论及架空梁式圆管对称性有

$$\varepsilon_\theta=\frac{1}{r_i}\Big[W(\theta)+\frac{\mathrm{d}V(\theta)}{\mathrm{d}\theta}\Big]=0 \tag{5-55}$$

据式（5-55）得切向位移

$$V(\theta)=-\int W(\theta)\mathrm{d}\theta+c \tag{5-56}$$

式中：c 为积分常数。

将式（5-54）代入式（5-56），并利用 $V(\theta)|_{\theta=0}=0$ 确定积分常数 $c=0$，可得

$$V(\theta)=-\frac{r_i^2}{E_cI}\Big[(M_0-r_iN_0)\theta-\frac{1}{2}\tau(\eta_1-\eta_0)r_i^3\theta^2+\gamma_c(\eta_1-\eta_0)r_i^3\theta\Big]-\frac{1}{E_cF}\tau(\eta_1-\eta_0)r_i^3\theta$$

$$-\left(\frac{r_i^2}{E_cI}+\frac{1}{E_cF}\right)\gamma_w\eta_0^2r_i^3\Big\{\theta+\frac{1}{8}\big[2\theta\cos\theta+(\theta^2-2)\sin\theta\big]\Big\}$$

$$-\frac{1}{4}\left(\frac{r_i^2}{E_cI}+\frac{1}{E_cF}\right)\gamma_c(\eta_1-\eta_0)r_i^3\big[2\theta\cos\theta+(\theta^2-2)\sin\theta\big] \tag{5-57}$$

三、架空圆管自重、满管水重及截面剪力作用下的内力与变位计算

据式（5-42）有

$$\frac{r_iN(\theta)}{E_cF}=\frac{M(\theta)}{E_cF}-\frac{1}{E_cF}(M_0-r_iN_0)+\frac{1}{E_cF}\tau(\eta_1-\eta_0)r_i^3\theta-\frac{1}{E_cF}\gamma_c(\eta_1-\eta_0)r_i^3(1-\cos\theta)$$

$$\tag{5-58}$$

将式（5-58）代入式（5-46），整理得

$$M(\theta)=\frac{1}{\dfrac{r_i^2}{E_cI}+\dfrac{1}{E_cF}}\Big[\frac{\mathrm{d}^2W(\theta)}{\mathrm{d}\theta^2}+W(\theta)+\frac{M_0-r_iN_0}{E_cF}-\frac{1}{E_cF}\tau(\eta_1-\eta_0)r_i^3\theta$$

$$+\frac{1}{E_cF}\gamma_c(\eta_1-\eta_0)r_i^3(1-\cos\theta)\Big] \tag{5-59}$$

对式（5-54）求 2 阶导数，并与 $W(\theta)$ 相加得

$$\frac{\mathrm{d}^2W(\theta)}{\mathrm{d}\theta^2}+W(\theta)=\frac{r_i^2}{E_cI}\Big[(M_0-r_iN_0)-\tau(\eta_1-\eta_0)r_i^3\theta+\gamma_c(\eta_1-\eta_0)r_i^3\Big]+\frac{1}{E_cF}\tau(\eta_1-\eta_0)r_i^3$$

$$+\left(\frac{r_i^2}{E_cI}+\frac{1}{E_cF}\right)\Big[\gamma_w\eta_0^2r_i^3\Big(1+\frac{1}{4}\cos\theta-\frac{1}{2}\theta\sin\theta\Big)$$

$$+\gamma_c(\eta_1-\eta_0)r_i^3\Big(\frac{1}{2}\cos\theta-\theta\sin\theta\Big)\Big] \tag{5-60}$$

将式（5-60）代入式（5-59），化简得

$$M(\theta)=(M_0-r_iN_0)-\tau(\eta_1-\eta_0)r_i^3\theta+\gamma_c(\eta_1-\eta_0)r_i^3+\gamma_w\eta_0^2r_i^3\Big(1+\frac{1}{4}\cos\theta-\frac{1}{2}\theta\sin\theta\Big)$$

$$+\gamma_c(\eta_1-\eta_0)r_i^3\left(\frac{1}{2}\cos\theta-\theta\sin\theta\right)+\frac{1}{\frac{Fr_i^2}{I}+1}(\eta_1-\eta_0)r_i^3(\tau-\gamma_c\cos\theta) \tag{5-61}$$

于是由式（5-42）可得轴力 $N(\theta)$ 计算式：

$$N(\theta)=\gamma_w\eta_0^2r_i^2\left(1+\frac{1}{4}\cos\theta-\frac{1}{2}\theta\sin\theta\right)+\gamma_c(\eta_1-\eta_0)r_i^2\left(\frac{3}{2}\cos\theta-\theta\sin\theta\right)$$

$$+\frac{1}{\frac{Fr_i^2}{I}+1}(\eta_1-\eta_0)r_i^2(\tau-\gamma_c\cos\theta) \tag{5-62}$$

由自重和满管水重作用下的架空圆管切向应变对称性，有

$$V(\theta)\big|_{\theta=\pi}=0 \tag{5-63}$$

将式（5-57）代入式（5-63），可求得

$$M_0-r_iN_0=\left(\frac{\pi}{2}-\frac{I}{Fr_i^2}\right)\tau(\eta_1-\eta_0)r_i^3-\gamma_c(\eta_1-\eta_0)r_i^3\left(1+\frac{I}{Fr_i^2}\right)\left[\frac{1}{2}\gamma_c(\eta_1-\eta_0)r_i^3-\frac{3}{4}\gamma_w\eta_0^2r_i^3\right] \tag{5-64}$$

据式（5-62）可得

$$N_0=N(\theta)\big|_{\theta=0}=\frac{5}{4}\gamma_w\eta_0^2r_i^2+\frac{3}{2}\gamma_c(\eta_1-\eta_0)r_i^2+\frac{1}{\frac{Fr_i^2}{I}+1}(\eta_1-\eta_0)r_i^2(\tau-\gamma_c) \tag{5-65}$$

将式（5-65）代入式（5-64）得

$$M_0=M(\theta)\big|_{\theta=0}=\left(\frac{1}{2}-\frac{3I}{4Fr_i^2}\right)\gamma_w\eta_0^2r_i^3+\left(1+\frac{I}{2Fr_i^2}-\frac{1}{\frac{Fr_i^2}{I}+1}\right)\gamma_c(\eta_1-\eta_0)r_i^3$$

$$+\tau(\eta_1-\eta_0)r_i^3\left(\frac{\pi}{2}-\frac{I}{Fr_i^2}+\frac{1}{\frac{Fr_i^2}{I}+1}\right) \tag{5-66}$$

将式（5-64）代入式（5-61），得弯矩 $M(\theta)$ 计算式：

$$M(\theta)=\frac{1}{4}\gamma_w\eta_0^2r_i^3\left(1+\cos\theta-2\theta\sin\theta-\frac{3I}{Fr_i^2}\right)+\tau(\eta_1-\eta_0)r_i^3\left(\frac{\pi}{2}-\theta-\frac{I}{Fr_i^2}+\frac{1}{\frac{Fr_i^2}{I}+1}\right)$$

$$+\gamma_c(\eta_1-\eta_0)r_i^3\left(\frac{1}{2}+\frac{1}{2}\cos\theta-\theta\sin\theta+\frac{I}{2Fr_i^2}-\frac{\cos\theta}{\frac{Fr_i^2}{I}+1}\right) \tag{5-67}$$

将式（5-65）、式（5-66）分别代入式（5-54）、式（5-57），则得自重和满管水重作用下的架空圆管各计算截面径向位移 $W(\theta)$、切向位移 $V(\theta)$ 计算式，此处不予赘列。

四、讨论

式（5-62）、式（5-67）表明，自重、满管水重及截面剪力作用下的架空圆管计算截面弯矩 $M(\theta)$、$N(\theta)$，除与圆管几何参数内半径 r_0、外半径 r_1、计算截面与竖向直径间的夹角 θ 及计算截面剪应力 τ 有关外，还与架空圆管结构材料的物理力学参数弹性模量 E_c 及计算截面的断面面积 F、惯性矩 I 有关。有必要指出，现有架空圆管自重、满管水重及截面剪力作用产生的弯矩计算式[21]，未全面揭示计算截面面积 F［或抗拉（压）刚度 $E_c F$］、惯性矩 I（或抗弯刚度 $E_c I$）对弯矩 $M(\theta)$、轴力 $N(\theta)$ 的影响，存在缺陷。

设架空圆管管壁厚度为 h，则对单位管长 b，其计算截面的断面面积 $F=bh$，惯性矩 $I=\dfrac{1}{12}bh^3$，于是有

$$\frac{I}{Fr_i^2}=\frac{\frac{1}{12}bh^3}{bhr_i^2}=\frac{1}{12}\left(\frac{h}{r_i}\right)^2$$

显见，当 $r_i \gg h$ 时，式（5-62）、式（5-67）可分别简化为

$$N(\theta)=\gamma_w \eta_0^2 r_i^2\left(1+\frac{1}{4}\cos\theta-\frac{1}{2}\theta\sin\theta\right)+\gamma_c(\eta_1-\eta_0)r_i^2\left(\frac{3}{2}\cos\theta-\theta\sin\theta\right) \quad (5-68)$$

$$M(\theta)=\frac{1}{4}\gamma_w \eta_0^2 r_i^3(1+\cos\theta-2\theta\sin\theta)+\tau(\eta_1-\eta_0)r_i^3\left(\frac{\pi}{2}-\theta\right)$$

$$+\gamma_c(\eta_1-\eta_0)r_i^3\left(\frac{1}{2}+\frac{1}{2}\cos\theta-\theta\sin\theta\right) \quad (5-69)$$

钢筋混凝土架空圆管，由于结构尺寸 r_i 与 h 一般属同一量级，对于实际工程，不应采用上述简化式进行内力与相应变位计算，应采用弹性力学精确解公式求算，也不宜采用结构力学弹性中心法所推求的近似计算式进行计算。

第四节　莫尔-库仑屈服准则应力不变量表达式及剪胀角参数表达式与应力符号约定的适配性[22]

莫尔-库仑屈服准则由于其解析表达式简明，有很好的精确度，加之物理力学概念直观明确，参数易于通过简单的试验确定；且未考虑计及中间主应力 σ_2 对抗剪强度有所增加的影响，从而应用于实际工程偏安全。特别是在岩土力学与工程仍处于"半理论半经验"设计水准的当下，受荷载分析统计、内力计算组合、内力控制截面选取的误差甚或岩土体计算模型与计算参数选取不准确影响，在真实的建筑结构计算分析中不存在精确解，只存在控制解或优化解的背景下，莫尔-库仑屈服准则为工程界所广泛采用。

然而，在期刊审稿与项目工程设计审查中，常见到不少学术、技术人员在采用莫尔-库仑屈服准则的主应力表达式、应力不变量表达式及塑性流动剪胀角参数表达式，特别是将其应用于水工压力隧洞或隧道工程弹塑性应力计算、流固耦合计算分析时，未注意须与所取用应力符号约定相关联适配，常出现误套误用现象，致使应力计算成果与后续研究产生不应有的错误。为避免这一错误持续发生，笔者曾就与水工压力隧洞弹塑性应力计算工

况相适配的莫尔-库仑屈服准则主应力表达式的合理取用做过深入分析讨论[11]，并引起水工界的重视。下面将进一步探究莫尔-库仑屈服准则的应力不变量表达式、塑性流动剪胀角参数表达式与应力符号约定、大小主应力顺序间的关联适配性，以使工程师们对此有更明晰的认知，避免不当误用。

一、与拉应力为正、压应力为负约定相适配的莫尔-库仑屈服准则应力不变量表达式

在进行水工压力隧洞等建筑物弹塑性应力计算时，莫尔-库仑屈服准则的主应力表达式，是与其应力符号约定及大小主应力顺序相关联和相协调的，参考文献 [11] 曾详尽地分析讨论过这一问题，本书不予赘述。由于屈服准则与坐标轴方向的旋转无关，所以屈服准则除采用主应力表示外，常用的另一表示方法是通过应力不变量来描述。下面来推求与应力符号约定及大小主应力顺序相适配的莫尔-库仑屈服准则应力不变量表达式。

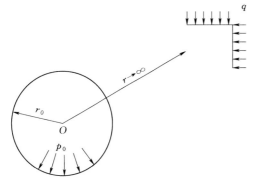

图 5-4　隧洞围岩应力计算简图

应力符号采用连续介质弹塑性力学的约定，即以拉应力为正、压应力为负，相应莫尔-库仑屈服准则的数学表达式为[23]

$$|\tau| = C - \sigma\tan\varphi \qquad (5-70)$$

式中：τ 为岩土屈服面上的剪应力；C 为岩土的黏聚力；φ 为岩土的摩擦角。

当均匀内水压力 p_0 大于原岩压力 q 时（图 5-4），围岩径向应力 σ_r 为小主应力，围岩切向应力 σ_θ 为大主应力，其莫尔-库仑屈服准则表达式 [图 5-5 （a）、（b）][11] 为

$$\sigma_\theta = \frac{1-\sin\varphi}{1+\sin\varphi}\sigma_r + \frac{2C\cos\varphi}{1+\sin\varphi} \qquad (5-71)$$

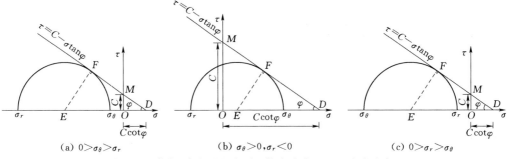

（a）$0 > \sigma_\theta > \sigma_r$　　　（b）$\sigma_\theta > 0, \sigma_r < 0$　　　（c）$0 > \sigma_r > \sigma_\theta$

图 5-5　莫尔-库仑屈服准则（拉应力为正，压应力为负）

当均匀内水压力 p_0 小于原岩压力 q 时，则围岩径向应力 σ_r 为大主应力，围岩切向应力 σ_θ 为小主应力，相应莫尔-库仑屈服准则表达式 [图 5-5 （c）] 为

$$\sigma_r = \frac{1-\sin\varphi}{1+\sin\varphi}\sigma_\theta + \frac{2C\cos\varphi}{1+\sin\varphi} \qquad (5-72)$$

若以 σ_1 和 σ_3 分别表示最大、最小主应力，即有 $\sigma_1 \geqslant \sigma_2 \geqslant \sigma_3$，则式 (5-71)、式 (5-72) 可统一于一个表达式：

$$\sigma_1 = \frac{1-\sin\varphi}{1+\sin\varphi}\sigma_3 + \frac{2C\cos\varphi}{1+\sin\varphi} \tag{5-73}$$

在这里，有必要强调指出，在采用式（5-73）或采用应力不变量表示莫尔-库仑屈服准则时，对具体隧洞（隧道）工程，首先应明确径向应力 σ_r 与切向应力 σ_θ 哪个是大主应力，哪个是小主应力及相应荷载匹配条件，使理论探究与实际工程相结合，否则便是舍本求末，甚至南辕北辙。

据式（5-73）有

$$\frac{1}{2}(\sigma_1+\sigma_3)\sin\varphi + \frac{1}{2}(\sigma_1-\sigma_3) - C\cos\varphi = 0 \tag{5-74}$$

下面来推求岩土材料莫尔-库仑屈服准则的应力不变量表达式。将式（5-74）改写成

$$\frac{1}{3}(\sigma_1+\sigma_2+\sigma_3)\sin\varphi + \frac{1}{2}(\sigma_1-\sigma_3) + \frac{1}{6}(\sigma_1-2\sigma_2+\sigma_3)\sin\varphi - C\cos\varphi = 0 \tag{5-75}$$

进而有

$$\frac{1}{3}(\sigma_1+\sigma_2+\sigma_3)\sin\varphi + \frac{1}{2}(\sigma_1-\sigma_3) + \frac{1}{3}\left[\frac{1}{2}(\sigma_1-\sigma_2) - \frac{1}{2}(\sigma_2-\sigma_3)\right]\sin\varphi - C\cos\varphi = 0 \tag{5-76}$$

注意到有[23]

$$
\left.
\begin{aligned}
&\sigma_1+\sigma_2+\sigma_3 = I_1\\
&\frac{1}{2}(\sigma_1-\sigma_3) = \frac{1}{2}(s_1-s_3) = \sqrt{J_2}\sin\left(\frac{\pi}{3}+\theta\right)\\
&\frac{1}{3}\left[\frac{1}{2}(\sigma_1-\sigma_2) - \frac{1}{2}(\sigma_2-\sigma_3)\right]\sin\varphi = \frac{1}{3}\left[\frac{1}{2}(s_1-s_2) - \frac{1}{2}(s_2-s_3)\right]\sin\varphi\\
&\quad = \frac{1}{3}\left[\sqrt{J_2}\sin\left(\frac{\pi}{3}-\theta\right) - \sqrt{J_2}\sin\theta\right]\sin\varphi = \sqrt{\frac{J_2}{3}}\sin\left(\frac{\pi}{6}-\theta\right)\sin\varphi\\
&\quad = \sqrt{\frac{J_2}{3}}\cos\left(\frac{\pi}{3}+\theta\right)\sin\varphi
\end{aligned}
\right\} \tag{5-77}
$$

式中：I_1 为应力张量的第一不变量；s_1、s_2、s_3 为主应力偏量；J_2 为偏应力张量的第二不变量；θ 为相似角（Lode 角）。

将式（5-77）代入式（5-76），则得与拉应力为正、压应力为负应力符号约定相适配的岩土材料莫尔-库仑屈服准则应力不变量表达式：

$$f(I_1, J_2, \theta) = \frac{1}{3}I_1\sin\varphi + \sqrt{J_2}\sin\left(\frac{\pi}{3}+\theta\right) + \sqrt{\frac{J_2}{3}}\cos\left(\frac{\pi}{3}+\theta\right)\sin\varphi - C\cos\varphi = 0$$

$$\left(0° \leq \theta \leq \frac{\pi}{3}\right) \tag{5-78}$$

二、与压应力为正、拉应力为负相适配的莫尔-库仑屈服准则应力不变量表达式

应力符号采用岩土力学的约定，通常以压应力为正、拉应力为负，莫尔-库仑屈服准则的数学表达式为

$$|\tau| = C + \sigma\tan\varphi \tag{5-79}$$

此时，若均匀内水压力 p_0 大于原岩压力 q，围岩径向应力 σ_r 为大主应力，围岩切向应力 σ_θ 为小主应力，莫尔-库仑屈服准则表达式 ［图 5-6 (a)、(b)］ 为

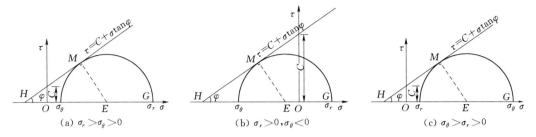

图 5-6　莫尔-库仑屈服准则（压应力为正，拉应力为负）

$$\sigma_r = \frac{1+\sin\varphi}{1-\sin\varphi}\sigma_\theta + \frac{2C\cos\varphi}{1-\sin\varphi} \qquad (5-80)$$

若均匀内水压力 p_0 小于原岩压力 q，围岩径向应力 σ_r 为小主应力，围岩切向应力 σ_θ 为大主应力，其莫尔-库仑屈服准则表达式 ［图 5-6 (c)］ 为

$$\sigma_\theta = \frac{1+\sin\varphi}{1-\sin\varphi}\sigma_r + \frac{2C\cos\varphi}{1-\sin\varphi} \qquad (5-81)$$

以大、小主应力 $\sigma_1 \geqslant \sigma_2 \geqslant \sigma_3$ 描述岩土材料莫尔-库仑屈服准则，则式（5-80）、式（5-81）可统一于一个表达式：

$$\sigma_1 = \frac{1+\sin\varphi}{1-\sin\varphi}\sigma_3 + \frac{2C\cos\varphi}{1-\sin\varphi} \qquad (5-82)$$

据式（5-82）有

$$\frac{1}{2}(\sigma_1+\sigma_3)\sin\varphi - \frac{1}{2}(\sigma_1-\sigma_3) + C\cos\varphi = 0 \qquad (5-83)$$

将式（5-83）改写为

$$\frac{1}{3}(\sigma_1+\sigma_2+\sigma_3)\sin\varphi - \frac{1}{2}(\sigma_1-\sigma_3) + \frac{1}{6}(\sigma_1-2\sigma_2+\sigma_3)\sin\varphi + C\cos\varphi = 0 \qquad (5-84)$$

将式（5-77）代入式（5-84），整理得与压应力为正、拉应力为负应力符号约定相适配的岩土材料莫尔-库仑屈服准则应力不变量表达式：

$$f(I_1,J_2,\theta) = \frac{1}{3}I_1\sin\varphi - \sqrt{J_2}\sin\left(\frac{\pi}{3}+\theta\right) + \sqrt{\frac{J_2}{3}}\cos\left(\frac{\pi}{3}+\theta\right)\sin\varphi + C\cos\varphi = 0$$

$$\left(0° \leqslant \theta \leqslant \frac{\pi}{3}\right) \qquad (5-85)$$

比较式（5-78）、式（5-85）可知，莫尔-库仑屈服准则的应力不变量表达式，是与应力符号约定、主应力大小顺序相关联的。而以往工程界往往疏忽了这一似属常识范畴的关联性，存在采用弹塑性力学应力符号约定，而误用与岩土力学应力符号约定相关联的莫尔-库仑屈服准则应力不变量表达式问题，致使后续理论探求与应力计算分析产生不应有的错误。

三、剪胀角参数表达式与应力符号约定的适配性

在线弹性力学中，胡克（Hooke）定律确定了弹性材料的应力分量 σ_{ij} 与应变分量 ε_{ij}

之间的关系。类似的，在岩土材料塑性理论中，流动法则确定了塑性势能函数 g 与塑性应变增量分量 $d\varepsilon_{ij}^{p}$ 之间的关系，特别是当塑性势能函数 g 与屈服函数 f 相同时，即 $g=f$，那么流动法则是与屈服函数相关联的；若 $g \neq f$，则称为非关联流动法则。

当应力符号采用塑性力学以拉应力为正、压应力为负约定时，利用式（5-74），岩土材料的莫尔-库仑屈服准则表达式可写成

$$f[(1+\sin\varphi)\sigma_1 - (1-\sin\varphi)\sigma_3 - 2C\cos\varphi] = 0 \tag{5-86}$$

与之相适应的流动法则可以用下式表达[23]：

$$\frac{d\varepsilon_3^p}{d\varepsilon_1^p} = \frac{\dfrac{\partial f}{\partial \sigma_3}}{\dfrac{\partial f}{\partial \sigma_1}} \tag{5-87}$$

据式（5-86），可得

$$\frac{d\varepsilon_3^p}{d\varepsilon_1^p} = -\frac{1-\sin\varphi}{1+\sin\varphi} \tag{5-88}$$

引入塑性流动剪胀角参数 α_{ψ}，令

$$\alpha_{\psi} = \frac{1-\sin\varphi}{1+\sin\varphi} \tag{5-89}$$

则得

$$\alpha_{\psi} d\varepsilon_1^p + d\varepsilon_3^p = 0 \tag{5-90}$$

类似的，当应力符号采用岩土力学以压应力为正、拉应力为负的约定时，利用式（5-83），岩土材料的莫尔-库仑屈服准则表达式可写成

$$f[(1-\sin\varphi)\sigma_1 - (1+\sin\varphi)\sigma_3 - 2C\cos\varphi] = 0 \tag{5-91}$$

相适应的流动法则可以用下式表达：

$$\frac{d\varepsilon_3^p}{d\varepsilon_1^p} = \frac{\dfrac{\partial f}{\partial \sigma_3}}{\dfrac{\partial f}{\partial \sigma_1}} \tag{5-92}$$

于是据式（5-91），可得

$$\frac{d\varepsilon_3^p}{d\varepsilon_1^p} = -\frac{1+\sin\varphi}{1-\sin\varphi} \tag{5-93}$$

引入塑性流动剪胀角参数 β_{ψ}，令

$$\beta_{\psi} = \frac{1+\sin\varphi}{1-\sin\varphi} \tag{5-94}$$

则得

$$\beta_{\psi} d\varepsilon_1^p + d\varepsilon_3^p = 0 \tag{5-95}$$

比较式（5-90）、式（5-95）可知，与莫尔-库仑屈服准则相关联的流动法则的剪胀角参数 α_{ψ}、β_{ψ} 的表达式，是与应力符号约定及主应力大小顺序相联系的，而以往人们对此认知并不明晰，被许多工程师所疏忽，以致误套误用。有必要指出，考虑到遵守非关联流动法则的岩土材料模型，在应力增量中，塑性应变增量也是线性的，而且满足连续性条

件，从而式（5-90）、式（5-95）对于非关联流动法则的岩土材料也是适用的。

四、结语

在据实际隧洞（隧道）工程运行工况条件，合理确定与应力符号约定相关联的大、小主应力次序后，通过推求不同应力符号约定与大小顺序下的莫尔-库仑屈服准则应力不变量表达式及塑性流动剪胀角参数表达式，揭示了莫尔-库仑屈服准则主应力表达式、应力不变量表达式及塑性流动剪胀角参数表达式与应力符号约定、主应力大小顺序间的关联适配性，为正确选用莫尔-库仑屈服准则表达式及塑性流动剪胀角参数表达式提供了指南。显然，关于这一问题讨论的普适性，可推广到其他屈服准则，即在选用屈服准则表达式时，也应注意其与应力符号约定的适配性。

有必要指出，将式（5-70）、式（5-73）、式（5-78）、式（5-89）中 φ 用 $-\varphi$ 代入，则可分别导得式（5-79）、式（5-82）、式（5-85）、式（5-94），即莫尔-库仑屈服准则主应力表达式、应力不变量表达式及塑性流动剪胀角参数表达式与应力符号约定间的关联式，可转换为与 φ 的正负号选择相适配，即应力符号以拉应力为正、压应力为负，则相应 φ 取负号（即莫尔-库仑屈服直线与 σ 负轴间的夹角）；应力符号以压应力为正，拉应力为负，则相应 φ 取正号（即莫尔-库仑屈服直线与 σ 正轴间的夹角），而这便从理论上揭示了莫尔-库仑屈服准则应力符号不同约定间的内在联系，为习惯常用的岩土力学应力符号约定（压应力为正）与采用弹塑性力学数值计算方法及其应力符号约定（拉应力为正）求解莫尔-库仑屈服准则岩土工程问题提供了一条捷径，打开了一扇互通之门。

第五节　水工压力隧洞结构若干关键理论与技术[24]

水工压力隧洞是水利水电工程的重要建筑物之一，在岩体中开挖而成，长度远较其横断面为大，通常采用圆形断面。一般认为，隧洞水头超过 100m 为高压水工隧洞。水工压力隧洞由于结构与荷载的特殊性，设计理论与计算方法的不完善性，存有许多尚需进一步澄清和有待深入研究解决的关键问题，如内水压力引起的最小覆盖厚度问题、主应力大小顺序与荷载之间的关系问题、内水外渗与外水荷载问题、钢筋混凝土衬砌抗裂与限裂设计问题、钢筋混凝土衬砌分缝间距问题等。这些问题均涉及水工压力隧洞结构设计的合理性与运行的安全性。本节探讨上述若干复杂疑难理论与技术问题的解决途径和方法，将有效促进水工压力隧洞结构设计理论与技术的不断进步、发展和成熟。

一、水工压力隧洞最小覆盖厚度

（一）抗抬准则

水工压力隧洞结构设计的核心问题之一，是研究分析如何使隧洞衬砌与围岩密切接触、联合工作、共同承载，并计算分析衬砌与围岩相脱离可能产生的不利后果。

围岩质量良好的不衬砌水工压力隧洞，内水压力直接作用于围岩，要使隧洞围岩不失稳，且不因渗水过大而影响隧洞结构安全，必须使隧洞上覆岩体厚度大于最小覆盖厚度，以达到必要的满足抗抬要求的初始应力条件。对混凝土或钢筋混凝土衬砌压力隧洞，一般应考虑衬砌对内水压力的消减，计算作用于围岩洞壁上的内压力，进行围岩最小覆盖厚度验算。文献［11］依据雪山抗抬准则、挪威抗抬准则，分别给出洞身径向、水平方向岩体覆盖厚度计算公式（图 5-7 和图 5-8）：

$$
\left.
\begin{aligned}
h_l &= \frac{F\gamma_w H}{\gamma_d \cos\beta} \\
C_l &= \frac{h_l}{\sin\beta} = \frac{F\gamma_w H}{\gamma_d \sin\beta\cos\beta}
\end{aligned}
\right\}
\tag{5-96}
$$

式中：h_l 为沿洞室围岩径向岩体覆盖厚度；C_l 为水平方向岩体覆盖厚度；γ_w 为水的容重；γ_d 为岩体容重；H 为洞轴线埋深；β 为山坡最小岩体覆盖面坡角；F 为经验安全系数。

（二）水力劈裂准则与最小主应力准则

隧洞开挖后，总存在与洞室周边围岩相交的节理、裂隙，若在内水压力的作用下，裂隙法向应力变为拉应力，裂隙将张开，即产生水力劈裂。因此，隧洞上覆围岩最小覆盖厚度还应满足围岩产生的初始法向压应力应大于内水压力产生的法向拉应力的要求，即满足水力劈裂准则。

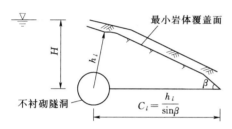

图 5-7　压力隧洞雪山抗抬准则示意图

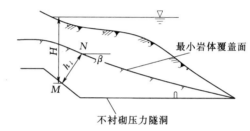

图 5-8　压力隧洞挪威抗抬准则示意图

水力劈裂准则力学概念清晰，但由于围岩节理、裂隙的随机性，要分析计算每条与洞室周边正交的裂隙初始法向应力，在工程实际中是不可能的[24]。针对水力劈裂准则的上述缺陷，挪威德隆汉姆大学提出了更合理、更通用的最小主应力准则，即隧洞充水运行后的内水压力应小于围岩二次应力场中的最小主应力，即

$$
F\gamma_w H \leqslant \sigma_{2min}
\tag{5-97}
$$

式中：σ_{2min} 为隧洞围岩二次应力场中的最小主应力；其他符号意义同前。

实际工程表明，如若洞周存有透水构造连通裂隙或排水设施，使洞周围岩渗透水力梯度增大，即便式（5-97）成立，则仍有可能产生严重内水外渗，甚至渗透失稳问题，危害隧洞及邻近建筑物安全。因此，应通过合理选择洞线与采用钢衬或对围岩实施化学灌浆等工程措施防止隧洞内水外渗，避免围岩发生水力劈裂和渗透失稳。

二、水工压力隧洞主应力大小顺序与荷载关系

水工压力隧洞围岩在内水压力作用下，有可能出现围岩塑性区。对水工压力隧洞围岩进行弹塑性应力分析计算，工程界大多采用莫尔-库仑屈服条件或统一强度理论屈服条件。但在具体计算时，众多文献往往未深入分析水工压力隧洞荷载与主应力大小顺序间的相关联特性，拘泥于材料力学抗压试验莫尔应力圆的大小主应力符号规定，即局限于 $\sigma_\theta < \sigma_r <$ 0（以拉应力为正，压应力为负）的应力关系，采用如下莫尔-库仑屈服条件表达式[24]：

$$\frac{\sigma_r - C\cot\varphi}{\sigma_\theta - C\cot\varphi} = \frac{1-\sin\varphi}{1+\sin\varphi} \tag{5-98}$$

或如下统一强度理论屈服条件表达式[11]：

$$\left.\begin{aligned} &\sigma_r - \frac{b\sigma_2+\sigma_\theta}{1+b} + \left(\sigma_r + \frac{b\sigma_2+\sigma_\theta}{1+b}\right)\sin\varphi = 2C\cos\varphi \\ &\qquad\qquad \left(\sigma_2 \leqslant \frac{1}{2}(\sigma_r+\sigma_\theta) + \frac{1}{2}(\sigma_r-\sigma_\theta)\sin\varphi\right) \\ &\frac{\sigma_r+b\sigma_2}{1+b} - \sigma_\theta + \left(\frac{\sigma_r+b\sigma_2}{1+b} + \sigma_\theta\right)\sin\varphi = 2C\cos\varphi \\ &\qquad\qquad \left(\sigma_2 \geqslant \frac{1}{2}(\sigma_r+\sigma_\theta) + \frac{1}{2}(\sigma_r-\sigma_\theta)\sin\varphi\right) \end{aligned}\right\} \tag{5-99}$$

文献［11］已论证，对水工压力隧洞，充水运行时，由于荷载的变化，大主应力为σ_θ，小主应力为σ_r，相应莫尔-库仑屈服条件表达式为

$$\frac{\sigma_r - C\cot\varphi}{\sigma_\theta - C\cot\varphi} = \frac{1+\sin\varphi}{1-\sin\varphi} \tag{5-100}$$

文献［11］论证得出，水工压力隧洞运行时，相应统一强度理论屈服条件表达式应为

$$\left.\begin{aligned} &\sigma_\theta - \frac{b\sigma_2+\sigma_r}{1+b} + \left(\sigma_\theta + \frac{b\sigma_2+\sigma_r}{1+b}\right)\sin\varphi = 2C\cos\varphi \\ &\qquad\qquad \left(\sigma_2 \leqslant \frac{1}{2}(\sigma_r+\sigma_\theta) + \frac{1}{2}(\sigma_\theta-\sigma_r)\sin\varphi\right) \\ &\frac{\sigma_r+b\sigma_2}{1+b} - \sigma_\theta + \left(\frac{\sigma_r+b\sigma_2}{1+b} + \sigma_\theta\right)\sin\varphi = 2C\cos\varphi \\ &\qquad\qquad \left(\sigma_2 \geqslant \frac{1}{2}(\sigma_r+\sigma_\theta) + \frac{1}{2}(\sigma_r-\sigma_\theta)\sin\varphi\right) \end{aligned}\right\} \tag{5-101}$$

显然，式（5-100）、式（5-101）与式（5-98）、式（5-99）迥异。有必要指出，式（5-101）各式中主应力σ_2的取值范围，可由水工压力隧洞运行时内水压力为控制荷载（$\sigma_\theta > \sigma_r$）且围岩处于弹塑性变形时泊松比$\mu \leqslant \frac{1}{2}$，采用反证法予以证明。

综上可见，有关文献局限于岩石抗压试验所获得的应力圆包络线，机械地认为恒有关系式$\sigma_\theta < \sigma_r < 0$成立，硬性规定$\sigma_\theta$为小主应力，无疑导致水工压力隧洞运行期结构应力计算出错。事实上，式（5-98）、式（5-99）仅分别为水工压力隧洞完建期（或放空检修期）的莫尔-库仑屈服条件、统一强度理论屈服条件表达式。也就是说，水工压力隧洞运行期屈服条件表达式与完建期（或放空检修期）屈服条件表达式不同，与荷载条件相关联。有必要指出，这一问题曾长期为水工设计人员疏忽，目前仍有不少工程师未能明确把握。

三、水工压力隧洞外水荷载

（一）外水荷载概念与《水工隧洞设计规范》（SL 279—2016）的近似处理

水工压力隧洞是赋存于地质岩体环境中的建筑物，一个很重要的环境因素就是地下水，合理确定这一环境因素产生的地下水荷载值是隧洞结构设计的又一关键问题。囿于问

题的复杂性，工程界对其争论时日已久，至今仍未达成共识。

近代隧洞支护理论深刻地认识到，围岩既是产生围岩压力的主体，又是承受这一压力的承载结构主体，且是构成自承结构的天然主体材料，而衬砌的目的是加固围岩，保护围岩，与围岩联合工作，共同承载，这时，衬砌外缘已不再是结构的自由边界。位处地下水位以下的衬砌所受外水荷载为浮力及相应渗流场产生的渗流体积力，在衬砌与围岩密切接触、联合工作的条件下，正如不再存在作用于衬砌外缘边界上的山岩压力一样，此时，衬砌外缘也不复承受作为边界荷载的外水压力。

由上可见，现行《水工隧洞设计规范》（SL 279—2016）（以下简称《规范》）引用"外水压力折减系数"概念，采用衬砌与围岩相脱离的计算模型，将作用于衬砌的渗流体积力用作在衬砌外缘的边界水压力代替，显然这是一种工程近似处理。也就是说，隧洞结构所受外水荷载为体积力是含水围岩的一般形态，而边界力是它的特殊形态，《规范》引用"外水压力折减系数"估算外水荷载仅是一种工程简化与近似处理，并未揭示外水荷载的工程本质性态。水工结构工程师明晰这一点，无疑可加深对隧洞外水荷载这一基本荷载的认知与对《规范》简化处理的理解。

隧洞外水荷载与隧洞所处山体地形、围岩渗透系数、岩层结构、地质构造、渗流流态、衬砌结构、排水条件等有关，对重要隧洞工程，如要准确确定，则需通过渗流场分析求算。由于渗流场分析计算工作量较大，且囿于计算模型的选取和计算参数的确定存在实际困难，并给不准，对一般隧洞工程这一方法便显得不现实，通常仍采用"外水压力折减系数"方法进行估算。有必要指出，《规范》对外水压力折减系数的水力学意义界定，系指衬砌外缘所受水压力与隧洞轴线处地下水静水压力之比。需要指出，工程师在设计取值时，尚应考虑渗流中水头损失影响，无外水压力作用面积折减影响与排水设施的卸压影响，并应充分分析研究内水外渗对隧洞开挖后渗流场的扰动影响和对隧洞结构运行安全的影响。例如：某水库调压井与隧洞衬砌质量差，内水外渗严重，致使近调压井隧洞衬砌外表面聚集很高的外水压力，在隧洞紧急下闸放空检查时，聚集的外水没有时间排出，而隧洞衬砌裂缝在外水压力作用下迅速闭合，外水返渗受阻，衬砌因承受极大的分布不均外水压力而遭破坏，只得采用钢衬进行加固处理。这一工程事故实例明确无误地告诫水工工程师应高度重视隧洞外水荷载的合理取用与内水外渗可能产生的严重后果。

（二）《规范》外水荷载近似处理的理论缺陷

上述"（一）部分"所述《规范》外水荷载计算模型，将作用于隧洞衬砌的渗流体积力简化为作用于衬砌外缘的边界力，这一近似处理在理论上存有明显缺陷。

《规范》明确规定，水工隧洞混凝土及钢筋混凝土衬砌结构按限制裂缝开展宽度设计，允许最大裂缝宽度限值为 0.3mm，但是《规范》又假定衬砌是不透水的，将内水压力、外水荷载分别视作作用于衬砌内缘、外缘的边界力，即《规范》衬砌结构的固体力学模型认为衬砌已开裂且裂缝充分扩展，衬砌裂缝渗透性能很强，而衬砌结构的水力学模型又认为衬砌是不透水的，将内水压力、外水荷载作为面力处理。这显然是相互矛盾的，《规范》隧洞衬砌结构计算模型的不协调性，反映出当前隧洞设计理论的不完备性。

四、钢筋混凝土衬砌的轴向裂缝与限裂设计

（一）钢筋混凝土衬砌轴向裂缝与限裂

《规范》"条文说明"明确指出，"采用混凝土和钢筋混凝土衬砌的水工隧洞，不可避免地都会出现裂缝"。其缘由是混凝土是抗拉强度远低于抗压强度的材料，试验资料给出混凝土的平均热膨胀系数 $\alpha = 1.0 \times 10^{-5} / ℃$，极限拉应变值 $\varepsilon_{max} = 0.0001 \sim 0.00015$，于是隧洞混凝土衬砌能经受的降温变幅只有 7℃～10℃，从而往往难以抵抗降温与荷载联合作用产生的拉应力而开裂。在混凝土产生裂纹时，钢筋由于与衬砌混凝土变形协调，处于低应力工作状态，约为 $2.0 \times 10^4 kPa$，也就是说，此时钢筋对钢筋混凝土衬砌的抗裂性能贡献甚微。

如不计变温应力，则对于内半径 $r_0 = 1.0m$，采用厚度为 0.3m（或 0.4m）的 C25 混凝土衬砌的水工压力隧洞，若衬砌混凝土的极限拉应变取 $\varepsilon_{max} = 1 \times 10^{-4}$，由式 $\sigma_{max} = E_c \varepsilon_{max}$（$E_c$ 为衬砌混凝土弹性模量）计算得到衬砌相应极限拉应力值为 2.8MPa。

又由仅受内水压力作用的拉梅（Lame）公式：

$$\sigma_\theta = \frac{r_1^2 + r_0^2}{r_1^2 - r_0^2} p_0 \tag{5-102}$$

式中：r_0 为隧洞衬砌内半径；r_1 为隧洞衬砌外半径（$r_1 = 1.3m$ 或 1.4m）；p_0 为衬砌内表面所受均匀内水压力。

令 $\sigma_\theta = \sigma_{max}$，可得 $p_0 = 0.72MPa$（或 $p_0 = 0.91MPa$）。这说明当不计围岩抗力，内水压力大于 72m（相应 $r_1 = 1.3m$），或大于 91m（相应 $r_1 = 1.4m$）水头时，隧洞衬砌混凝土将开裂。也就是说，对于高压水工隧洞钢筋混凝土衬砌，当衬砌所受主拉应力超过混凝土的抗裂强度时，衬砌混凝土开裂是必然的，众多水工高压隧洞工程实例均证实了这一结论。混凝土衬砌开裂后，内水由裂缝外渗，隧洞洞室内壁所受水压力荷载将接近于内水压力荷载，也就是说，此时无论隧洞围岩能否承担内水压力，内水压力荷载基本上已由围岩承担，若要隧洞衬砌承担全部高内水压力，则只有采用钢衬，即钢筋混凝土衬砌只能按限制裂缝开展宽度设计。有必要指出，《规范》给出的隧洞钢筋混凝土衬砌裂缝宽度验算方法，是援用《水工钢筋混凝土结构设计规范（试行）》（SDJ 20—78）普通钢筋混凝土结构理论，按独立构件正截面裂缝宽度验算公式计算隧洞衬砌混凝土裂缝开展宽度，未能考虑地下工程衬砌结构与围岩联合承载的本质特征，未能把握隧洞衬砌裂缝产生、开展与一般水工钢筋混凝土结构不同的性态特征。因此，《规范》关于隧洞衬砌限裂设计的计算理论与计算模型均欠合理，存有严重缺陷。这一点，经长期争论，目前在水利水电工程界已达成共识，2008年 11 月水利部颁布的《水工混凝土结构设计规范》（SL 191—2008）7.2.2 条注 1 已明确指出，普通钢筋混凝土构件最大裂缝宽度计算公式不适用于围岩中的衬砌结构。

（二）钢筋混凝土衬砌裂缝宽度验算的断裂力学法

室内试验与原型观测均表明，水工压力隧洞衬砌出现裂缝的规律与一般钢筋混凝土结构差异明显，这与隧洞结构特点和衬砌开裂后的应力状态变化有关：当衬砌在洞段围岩某薄弱处出现裂缝后，裂缝处的拉应力立即消除，近处围岩、衬砌的应力重新调整。压力水的进入并向着裂缝的两侧壁挤压，使裂缝附近的衬砌拉应力释放，并迅速降低、消退，而裂缝则在压应力的作用下快速扩展。因此，在裂缝近侧随着压应力的增大且不断扩大其影响范围的同时，在其邻近区域将不可能再因拉应力超过衬砌混凝土抗拉强度而产生新的裂

缝，即隧洞钢筋混凝土衬砌裂缝呈"稀而宽"的特征。随着混凝土裂缝的扩展，钢筋应力急剧增大，且起着限制裂缝开展宽度与改善混凝土应力的作用。

文献［11］根据隧洞衬砌裂缝规律，分析了钢筋的限裂机理，应用断裂力学理论，建立了隧洞衬砌限裂设计的断裂力学计算模型与计算方法，给出了隧洞钢筋混凝土衬砌轴向裂缝扩展判据，导出了衬砌裂缝宽度、裂缝间距、裂缝条数等裂缝参数计算公式。

断裂力学对研究解决金属材料裂缝的有关问题已取得长足进展，且在金属结构设计中得到广泛应用，但在水利水电工程设计中应用尚少。文献［11］所给出的水工压力隧洞钢筋混凝土衬砌裂缝扩展与限裂验算断裂力学法，无疑是一种有益的探索，该方法应用于江西省永新县龙源口水电站发电引水隧洞结构安全复核计算，产生了重大经济效益。

五、钢筋混凝土衬砌伸缩缝间距设计与环向裂缝开展宽度

《规范》明确指出，隧洞衬砌"在地质条件明显变化处和井、洞交汇处，进、出口处或其他可能产生较大相对变位处，应设置永久伸缩缝"；对"有压隧洞……衬砌的环向施工缝应根据具体情况采取必要的接缝处理措施"。通常，隧洞衬砌接缝处理措施有凿毛、布设接缝钢筋（或穿缝钢筋）、设止水结构等，如若水工压力隧洞有防止内水外渗对围岩结构产生不利影响的要求，则其施工缝的接缝处理措施只能是设置止水，纵向钢筋不得穿过缝面。也就是说，对有限裂防渗要求的水工压力隧洞，其环向施工缝布置应与伸缩缝间距设计相协调。

有必要指出，目前国内外有关隧洞设计的规范及计算方法，只考虑隧洞衬砌的横断面结构内力与配筋计算，不考虑隧洞衬砌的轴向受力，但隧洞衬砌出现环向裂缝，说明疏忽隧洞结构的轴向受力分析是设计的缺陷。水工压力隧洞衬砌伸缩缝间距设计，目前主要由设计工程师凭经验估定，往往不尽合理，不能保证结构安全运行；而环向裂缝开展宽度计算，基本上属于设计盲区，设计人员甚少涉及。

为解决这一工程实际问题，文献［11］根据隧洞结构所处的环境温度变化、围岩平整度与约束衬砌条件，采用岩体力学提出的隧洞衬砌与围岩接触面上的剪应力与剪应力方向位移呈线性关系的理论，建立了考虑变温荷载与均匀内水压力联合作用的隧洞衬砌伸缩缝间距、环向裂缝开展宽度计算方法，给出了相应解析计算公式，所获成果可供水工设计人员参考使用。

通过对水工压力隧洞结构设计若干关键问题的分析，明确揭示目前水工隧洞结构设计仍处于半经验半理论阶段，还有许多问题需要通过工程实践与理论研究作深入探讨。近代水工压力隧洞设计理论的核心是衬砌与围岩联合承载，共同工作，且围岩是承载的主体。为使衬砌与围岩联合工作，认真实施回填灌浆，并保证衬砌与围岩密切接触是非常必要的。否则，若衬砌与围岩相脱离，则隧洞衬砌结构的实际工作条件与设计计算模型相背离，衬砌将成为独立构件承受均匀内水压力及其自身范围内的渗流体积力，而这对衬砌结构安全十分不利，是应当予以避免的运行工况。为增强围岩的完整性，提高围岩的变形模量，保证围岩的承载能力，对高压水工隧洞，通过固结灌浆加固围岩往往成为提高围岩结构强度，增强洞室围岩稳定与降低围岩透水率的重要工程措施。综上，为保证水工高压隧洞安全运行，正确地进行隧洞结构应力分析与限裂验算和伸缩缝间距设计，切实做好隧洞回填灌浆，并对需要进行固结灌浆洞段认真施灌是完全必要的。

参 考 文 献

[1] 蔡晓鸿，聂永辉，蔡勇平，等.东谷水库溢洪道水毁原因分析与教训 [J].大坝与安全，2015 (2)：76-78.

[2] 王辉义，秦辉.奥罗维尔大坝溢洪道事故反思 [J].大坝与安全，2018 (1)：56-61.

[3] SL 253—2018 溢洪道设计规范 [S].北京：中国水利水电出版社，2018.

[4] 蔡勇斌，刘四方，蔡勇平，等.改进的溢洪道底板抗浮稳定计算公式及其应用 [J].江西水利科技，2015 (1)：27-29.

[5] 水利部东北勘测设计研究院科学研究院.泄水工程学 [M].长春：吉林科学技术出版社，2002.

[6] 蔡勇平，蔡晓鸿.进水口设闸控流的坝下涵管空蚀破坏及防空蚀措施 [J].大坝与安全，2018 (5)：51-54.

[7] 王宏硕.水工建筑物（专题部分）[M].北京：水利电力出版社，1991.

[8] 刘志明，温续余.水工设计手册：第7卷 泄水与过坝建筑物 [M].2版.北京：中国水利水电出版社，2014.

[9] 《数学手册》编写组.数学手册 [M].北京：人民教育出版社，1979.

[10] 许嘉模.涵管出流流态判别的实验研究 [J].水文，1987 (2)：33-39.

[11] 蔡晓鸿，蔡勇斌，蔡勇平.水工压力隧洞与坝下涵管结构应力计算 [M].北京：中国水利水电出版社，2013.

[12] 蔡勇斌，刘女英，蔡勇平，等.圆形坝下涵管结构内力与变位计算及抗裂验算解析法 [J].大坝与安全，2010 (6)：5-8.

[13] 蔡勇斌，周雪芳，蔡勇平，等.坝下涵管纵向内力计算与伸缩缝间距设计 [J].大坝与安全，2012 (1)：16-18.

[14] SL 744—2016 水工建筑物荷载设计规范 [S].北京：中国水利水电出版社，2016.

[15] 蔡勇斌，刘月琴，蔡勇平，等.非均匀内水压力作用下的坝下箱涵结构计算 [J].大坝与安全，2012 (5)：9-19.

[16] 熊启钧.涵洞 [M].北京：中国水利水电出版社，2006.

[17] SL 191—2008 水工混凝土结构设计规范 [S].北京：中国水利水电出版社，2009.

[18] 蔡勇斌，刘四方，蔡勇平，等.坝下箱涵环向裂缝与纵向抗裂验算 [J].江西水利科技，2011 (4)：250-252.

[19] 蔡晓鸿.坝内式高压管道应力计算的改进 [C]//科教兴国编委会.中国科教论文选.北京：红旗出版社，1997：915-918.

[20] SL 281—2017 水电站压力钢管设计规范 [S].北京：中国水利水电出版社，2017.

[21] 李惠英，田文铎，阎海新.倒虹吸管 [M].北京：中国水利水电出版社，2006.

[22] 蔡晓鸿，蔡勇斌，蔡勇平.莫尔-库仑屈服准则应力不变量表达式及剪胀角参数表达式与应力符号约定的适配性研究 [J].江西水利科技，2020 (2)：95-98.

[23] 杨桂通.弹塑性力学引论 [M].北京：清华大学出版社，2004.

[24] 蔡晓鸿，李清华，蔡勇斌，等.水工压力隧洞结构设计若干关键问题分析 [J].江西水利科技，2010 (4)：262-266.

东谷水库溢洪道水毁全景

东谷水库溢洪道深大冲坑

东谷水库溢洪道底板失稳抬动

芳陂水库溢洪道板块掀起失稳

芳陂水库溢洪道板块揭底冲移

芳陂水库溢洪道板块揭底破坏

官溪水库坝下涵管空蚀破坏全景

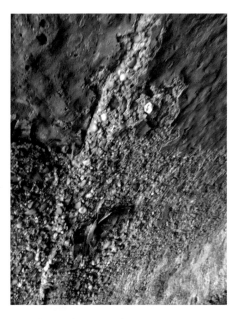

官溪水库坝下涵管空蚀破坏（一）

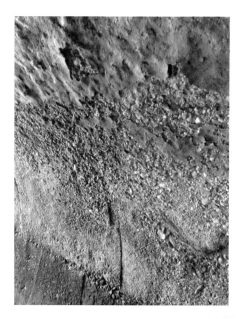

官溪水库坝下涵管空蚀破坏（二）

历头水库坝下涵管空蚀破坏全景

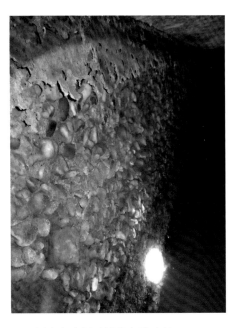

历头水库坝下涵管空蚀破坏（一）

历头水库坝下涵管空蚀破坏（二）